逻辑思维
及其方法探究

张胜前◎著

中国水利水电出版社
www.waterpub.com.cn

·北京·

内 容 提 要

逻辑学是知识生产、知识交流和知识应用的重要工具，在人类生活、工作以及科研等各个方面，逻辑学无处不在。本书对逻辑思维及其作用进行了多角度的分析研究，其中包括逻辑思维的法则——逻辑思维规律，逻辑思维的细胞——概念，必然性推理，总结性推理，论证与反驳等几大部分。

本书既融思想性、科学性、审美性和趣味性为一体，同时力求做到形式逻辑的形式化、公式化与精确化，在编写方法上层次分明、步骤清晰、具有针对性，是一本实用价值高的指导书。

图书在版编目(CIP)数据

逻辑思维及其方法探究/张胜前著. —北京：中
国水利水电出版社，2017.8（2022.9重印）
ISBN 978-7-5170-5745-1

Ⅰ.①逻… Ⅱ.①张… Ⅲ.①逻辑思维—通俗读物
Ⅳ.①B804.1-49

中国版本图书馆 CIP 数据核字(2017)第 193571 号

书　　名	逻辑思维及其方法探究 LUOJI SIWEI JI QI FANGFA TANJIU
作　　者	张胜前　著
出版发行	中国水利水电出版社 （北京市海淀区玉渊潭南路 1 号 D 座 100038） 网址：www.waterpub.com.cn E-mail：sales@waterpub.com.cn 电话：(010)68367658（营销中心）
经　　售	北京科水图书销售中心（零售） 电话：(010)88383994、63202643、68545874 全国各地新华书店和相关出版物销售网点
排　　版	北京亚吉飞数码科技有限公司
印　　刷	天津光之彩印刷有限公司
规　　格	170mm×240mm　16 开本　16.25 印张　211 千字
版　　次	2018 年 1 月第 1 版　2022 年 9 月第 2 次印刷
印　　数	2001—3001 册
定　　价	72.00 元

前　言

　　逻辑思维引人入胜的推理魅力深深地吸引着每一个人,古往今来,很多学者对人类的逻辑思维能力进行了孜孜不倦的研究,形成了博大精深的逻辑学。逻辑学是知识生产、知识交流和知识应用的重要工具,在人类生活、工作以及科研等各个方面,逻辑学无处不在。掌握逻辑学的推理方法是一个人克服畏难心理、提高逻辑思维能力的关键所在。尤其是在全民创新、万众创业的今天,要想成为有创新思维和创新能力的人才,更加离不开逻辑思维。故而,作者特撰写本书,对逻辑思维及其推理方法进行深入系统的研究。

　　作者在结合自己多年教学与研究经验的基础上,将逻辑学的核心理论分为逻辑学研究的对象及意义、逻辑思维的法则——逻辑思维规律、逻辑思维的细胞——概念、必然性推理、总结性推理、论证与反驳六大部分。其中,逻辑学研究的对象及意义是全书研究的基础,于第一章进行了概述性讨论;逻辑思维规律包括同一律、矛盾律、排中律与充足理由律,于第二章进行了讨论研究;逻辑思维的细胞——概念于第三章进行了讨论研究;必然性推理包括简单判断及其推理、复合判断及其推理、模态判断及其推理,分别于第四章、第五章和第六章进行了讨论研究;总结性推理包括归纳与类比推理,于第七章进行了讨论研究;论证与反驳于第八章进行了讨论研究。

　　本书既融合思想性、科学性、审美性和趣味性为一体,同时又力求做到形式逻辑的形式化、公式化与精确化,形成了多维立体的广阔视野和创新格局。对逻辑思维及其作用进行了多角度的分析研究,其中包括作者在逻辑思维方面的独有见解,希望能对读者有所帮助或启迪。

　　本书是作者在总结多年教学与研究经验的基础上，收集并参考大量的学术文献撰写而成的。在撰写本书的过程中，也得到了许多同行专家学者的指导和帮助。在这里，向所参考文献的作者及提供帮助的专家学者表示真诚的感谢。

　　限于作者水平，加之时间紧张，书中难免有疏漏之处，欢迎同行专家学者和广大读者朋友批评指正。

作　者

2017 年 5 月

目　　录

第一章 引 论

思维是人脑对客观事物的间接的概括的反映,它大致包括逻辑形式、基本规律和逻辑方法三大部分。逻辑形式是指思维内容各部分之间的联系方式,它由逻辑常项和变项构成;思维的基本规律是人们在运用概念进行判断和推理时必须遵守的最起码的逻辑规律;简单的逻辑方法是人们在普通思维中经常运用的一些逻辑方法。逻辑学是研究思维的逻辑形式及其基本规律和简单逻辑方法的科学,是一门工具性学科,是人们进行思维活动、思想交流、表达和论证时不可缺少的重要工具。

第一节 逻辑学的研究对象

一、逻辑与思维

(一)什么是逻辑

"逻辑"一词是从英文单词"logic"音译而来的,它源于古希腊文"λόγος"(逻各斯),基本意思为思维、理性、规律、词语等。我国近代曾有学者把"logic"翻译为"名学""辩学""理则学""论理学"等,这些翻译虽然从不同角度反映了"logic"的内容,但都不能准确地揭示出它的内涵,因此,"逻辑"这一音译逐渐通用开来。例如,严复在翻译《穆勒名学》中的"logic"的时候,最初就将其翻译为"名学",后来又将其音译为"逻辑"。在现代汉语中,"逻辑"一词在不同的语境中具有不同的含义,它是一个多义词。

例如:

①一部受大众好评的电影是符合生活逻辑的。

②"治世不一道,便国不法古。"这是商鞅的逻辑。

③推理只有形式合乎逻辑,其结论才是正确的。

④逻辑知识对每一个人都是十分有用的。

上述四句话,在①中,"逻辑"一词是指客观事物发展的规律;在②中,"逻辑"一词是指某种理论、观点和研究问题的方法,据《史记·商君列传》记载,"治世不一道,便国不法古"是战国时期著名的政治家、改革家、思想家商鞅在和甘龙、杜挚等老贵族辩论的时候提出的一种治国理念;在③中,"逻辑"一词是指思维的规律、规则;在④中,"逻辑"一词是指作为一门科学的逻辑学。

逻辑学是一门古老的学科,大约发源于两千多年前。古希腊、古中国、古印度是逻辑学的三大发源地。公元前4、5世纪,中国的逻辑思想就已经出现,并涌现出众多的代表人物及其学说。在当时诸子百家的学说中,墨家经典著作《墨经》就集中体现出了较完整的逻辑思想。古印度的逻辑学大约在公元1世纪出现,称为"因明学",主要的代表著作有《胜论经》和《正理经》。古希腊的逻辑思想发源于公元前5世纪,最初的典型代表是"智者"或"智者派"。但真正形成系统的逻辑学,应当归功于公元前4世纪的古希腊著名哲学家亚里士多德(前384—前322),其代表著作是《工具论》,西方人称他为"逻辑之父"。然而,无论是古中国,还是古印度的逻辑思想,由于始终没有能够形成严谨而系统的体系框架,终于没能在现代逻辑学科中占得一席,而古希腊的逻辑却发展传承了下来。

逻辑学在西方得到了充分的发展。到近代,英国哲学家、实验科学奠基人弗兰西斯·培根(1561—1626)首先指出了亚里士多德逻辑只重演绎不重归纳的缺陷,将归纳逻辑补充进来,并为自己的逻辑著作起名为《新工具论》。从此,普通逻辑学有了较为完备的体系内容。19世纪中叶,英国哲学家穆勒(1806—1873)在培根的基础上发展了归纳逻辑,他比较系统地阐述了寻求因果联系的五种方法,即求同法、求异法、求同求异并用法、共变法和剩余法。逻辑史上称之为"穆勒五法",穆勒对丰富归纳逻辑的内容作出了重要贡献。

近代以后,演绎逻辑自身也不断被后人用数学的方法来处理和补充。这其中,重要代表人物先后有德国的莱布尼茨(1646—1716),英国的布尔(1815—1864)等。现代英国著名数学家和哲学家罗素(1872—1970)等人在前人研究的基础上,用数学方法系统地改造了演绎逻辑,最终确立起了数理逻辑,演绎逻辑从此具有了现代的形态。

逻辑学发展到今天,已逐渐形成多分支、多层次的学科体系。我们这里主要讨论的是逻辑学的基础知识,如同人们讨论物理学基础知识时,将其称之为普通物理学一样,我们也可称它为普通逻辑学。而普通逻辑学又是以人们的自然语言为基础、以研究人的思维形式及其规律为特征的逻辑科学。因此,人们又称普通逻辑学为形式逻辑,用来区别以人工语言和数学方法为基础的现代数理逻辑。

在20世纪70年代,美国学者最先认识到现代数理逻辑有将整个逻辑学带入"曲高和寡"的地步,逐渐远离普通人的思维和日常生活,渐渐丧失了重要的人际交往的属性与功能。因此,在美国掀起了一场"逻辑的风暴"。其宗旨就是淡化一些逻辑中的"形式化"色彩,倡导非形式化的逻辑思维,重新将逻辑拉进了人们的生活之中,现如今的许多逻辑考试试题就是依据非形式化逻辑思想设计的。

(二)什么是思维

普通逻辑学既不属于自然科学,也不属于社会科学,而是一门思维科学。因此,要了解普通逻辑学的研究对象,首先要了解什么是思维。思维是人脑对客观事物的间接的概括的反映。马克思主义认识论认为,认识是人脑对客观世界的反映,是在实践基础上由感性认识上升到理性认识的辩证发展过程。

感性认识是认识的初级阶段,是人脑对客观事物的现象、部分和外部联系的反映,其表现形式有感觉、知觉和表象。理性认识是认识的高级阶段,是人脑对客观事物的本质、全体和内部联系的反映,其表现形式有概念、判断和推理。理性认识阶段就是思维阶段,就是运用概念、做出判断、进行推理的阶段。在这里,将思维的主要特点总结如下:

(1)思维具有概括性。思维的概括性表现在,人们通过思维,可以从许多个别事物的各种各样的属性中概括出事物的本质属性。例如,学生有许多属性,如身高、相貌、体重、年龄等,但这些都不是学生的本质属性,学生的本质属性是正在接受教育。这一本质属性,就是人们通过思维,从许多学生的各种属性中概括出来的。

(2)思维具有间接性。思维的间接性主要表现在如下两个方面:

①理性认识来源于感性认识,思维必须借助于感性认识这个中间环节,才能达到对客观事物本质的认识。例如,"今天是晴天"这一判断就是首先通过感性认识的形式了解到今天的天气情况,然后才做出的。

②通过思维,人们可以从已掌握的知识推导出新的知识。例如,根据保险柜完好无损,而保险柜内巨额现金失窃的情况,通过思维可以推导出这是一起内盗案件。

(3)思维具有语言依赖性。思维反映客观事物必须借助于语言,离开了语言思维就无法产生。思维是语言的思想内容,语言是思维的表达形式。没有语言的思维是不存在的。

二、逻辑学的研究对象

现实世界中形形色色的事物大致可分为自然、社会和思维三大领域。逻辑学作为一门科学,它的研究对象就是思维。但是,逻辑学研究思维,并不是研究所有的思维现象,而只是研究其中的逻辑思维。至于各种非逻辑思维,如具体思维、形象思维、灵感思维等,都不属于逻辑学的研究范围。故而,更准确地说,逻辑学的研究对象包括思维的内容及逻辑形式、思维的基本规律和思维的逻辑方法三大方面。

(一)思维的内容与逻辑形式

任何事物都有它的内容及其形式,思维也是如此。所谓思维的内容,就是指思维所反映的特定对象及其属性;所谓思维的逻辑形式,就是指思维内容的反映方式,如概念、判断(命题)和推理等。思维的内容与逻辑形式既相互联系,又相互区别,二者的相互联系主要表现为如下两个方面:

(1)一定的思维内容必须要借助一定的思维逻辑形式才能得以表达。

(2)一定的思维逻辑形式包含了一定的思维内容,但它们又有一定的相对独立性。

例如:

①所有的菱形都是四边形。

②所有商品都是有价值的。

③所有的天体都是运动的。

从逻辑上看,这是 3 个判断,它们分别反映 3 类不同的对象具有不同的属性,这就是这 3 个判断的思维内容。尽管这 3 个判断的思维内容各不相同,但是它们具有共同的形式结构,即"所有……都是……",这就是它们的逻辑形式。其中"所有""都是"称为常项。在逻辑学上,判断中指称对象的概念常用字母 S 表示,判断中指称属性的概念常用字母 P 表示,而判断中指称对象与指称属性的概念统称为变项。于是,上述实例中的 3 个判断所共同具有的逻辑形式可以总结为如下形式:

所有 S 都是 P。

又如：

①所有的文学都是人学，

所有的古典文学都是文学，
_____

所以，所有的古典文学都是人学。

②所有月工资超过 3500 元的中国公民都必须缴纳个人所得税，

某公司所有员工的月工资都超过 3500 元，
_____

所以，该公司所有员工都必须缴纳个人所得税。

这两个推理的具体内容各不相同，但它们的形式结构却是相同的。它们都有 3 个不同的判断，其中包含有 3 个不同的概念。若将这两个推理中的 3 个不同的概念分别表示为 M、P 与 S，则这两个推理的思维逻辑形式可以表述如下：

所有的 M 都是 P，

所有的 S 都是 M，
_____

所以，所有的 S 都是 P。

通过以上讨论可知，不同的思维内容可以用同一种思维方式来表达。不仅如此，同一思维内容可以用不同的思维方式来表达。

例如：

①如果人类不走经济与环境协调发展的可持续发展道路，那么总有一天人类将无法在地球上生存。

②只有走经济与环境协调发展的可持续发展道路，人类才能在地球上永久地生存下去。

这两个判断思维内容相同，但在表达形式上不同：①中的思维逻辑形式为"如果不……那么不……"；②中的思维逻辑形式为"只有……才……"。如果将①与②中包括的相同判断分别用 p 与 q 表示，则①与②的思维逻辑形式可以表述如下：

$\neg p \rightarrow \neg q$，

$p \leftarrow q$。

综上所述,思维的逻辑形式就是不同内容的判断和推理自身所具有的共同结构,任何一种逻辑形式都由逻辑常项和逻辑变项两部分组成。逻辑常项是逻辑形式中不变的部分,即在同一逻辑形式中都存在的部分,它是区分不同种类逻辑形式的根据;逻辑变项是逻辑形式中的可变部分,即在逻辑形式中可以表示任意具体内容的部分,不论赋予逻辑变项何种内容,都不能改变其逻辑形式。

(二)思维的基本规律

在现实世界里,不同的事物各有不同的规律,思维也同样如此。根据思维方式的基本特征可以看出,思维的基本规律也就是普通逻辑基本规律,共有四条,即同一律、矛盾律、排中律和充足理由律。这些基本规律适用于各种思维形式,保证思维的确定性、一贯性、明确性和论证性,是人们正确思维的必要条件。思维的基本规律是逻辑学的研究对象之一,研究思维的基本规律,主要是研究这些规律的内容和要求以及违反要求的逻辑错误。

(三)思维的逻辑方法

逻辑学在研究思维的逻辑形式及其基本规律的同时,还研究一些与思维形式的运用有关的逻辑方法,也称思维方法,如定义、划分、限制、概括、探求因果联系的方法等。

三、逻辑学的性质

人类世界的知识绚丽多彩,而每一门具体科学都是针对某一领域展开研究,为人们提供该领域的科学知识。例如,天文学是研究天体的结构及其演变的;物理学是研究物体的运动变化规律的;逻辑学是针对思维形式、思维方法、思维规律展开研究的一门工具性的基础科学,它无时无处不在发生作用。如果从知识内容来看,除逻辑学外,其他各门科学都为人们提供了某一领域的具体科学知识,唯独逻辑学告诉人们的是关于思维自身的知识,也就是说,除了对思维形式的认识外,它不能给人们直接提供任何有具体内容的知识。然而,在具体的思维活动中,思维形式和思维内容又是密切相关的,没有无思维形式的思维内容,也没有无思维内容的思维形式。自然,研究各种思维内容的各门具体科学都需要运用各种思维形式,因而也就离不开研究思维形式的逻辑学。逻辑学给我们提供了必要的逻辑工具和方法,只有掌握了逻辑学知识,才能自觉地正确运用各种思维形式,做到概念明确,判断恰当,推理合乎逻辑,论证有说服力,进而才有可能构造一个具有确定性、无矛盾性、论证性的亦即合乎逻辑的会话、演说、论证乃至于思想或科学体系。正像语法给人们提供了运用语言的规则一样,逻辑给人们提供了思维的规则。

另外,逻辑学没有阶级性或是种族性,它是一门服务于全人类的学科。各个阶层、各种人种、持各种语言的人们均可应用。特别是逻辑形式是相同的,就像数学公式一样,在世界各地都可以找到它的理解者。逻辑学的这个特点又和上面所讲的工具性紧密相连。既然是工具,就说明人人都可用。不管人们所属的国家、民族、阶级等有何不同,只要是一个正常的人,要进行正常的思维,要表达和交流思想,就必须遵守逻辑学的规律和规则,如果不能这样做,他的思维就会混乱,并且也不能与任何人沟通。因而在这里,人们可以非常容易地知道逻辑学是没有民族性、阶级性的,它对各个国家、各个民族、各个阶级的人都是一视同仁的,是全人类性的。虽然思维的内容可以有阶级性或民族性,表达思维的语言可以有民族性,但是,共同支配这种思维存在的逻辑形式及其规律是绝对没有民族性和阶级性的。因此,逻辑学具有全人类性。

第二节 学习逻辑学的重要意义及方法

一、学习逻辑学的重要意义

从前面的论述中不难发现逻辑学所具备的基础性、工具性和全人类性，它在日常生活、交流辩论、科学研究等诸多方面，都无时无刻不支持着人们。故而，逻辑思维素质是当今人才必须具备的一种极为重要的素质，学习逻辑学的意义极其重大。在 1977 年出版的《大英百科全书》中，将知识作为了五类分科，即逻辑学、数学、科学（包括自然科学、社会科学和技术科学）、历史学和人文学、哲学，将逻辑学列在首位。20 世纪 80 年代，联合国教科文组织的一份报告指出，一次由 50 个国家、500 多位教育家列出的 16 项最重要的教育目标中，把发展学生的逻辑思维能力列为第二位，可见逻辑教育在育人过程中的重要位置。接下来详细讨论学习逻辑学的具体作用。

（一）学习逻辑学最有助于提高逻辑思维能力

通过对逻辑学的学习，可以十分有效地提高人们的逻辑思维能力。例如，已知"某高科技公司的所有员工都拥有博士学位"，那么，是否可以肯定"该公司研发部门的员工都具有博士学位"呢？一般来讲，这需要一番思索，但如果掌握了逻辑学的有关知识，那么对这个问题就可以迅速做出正确的回答。又如，赴南极考察的某探险队抵达目的地后才发现，由于输油管道带少了，无法将船上的油输送到营地，这将危及全体队员的生存。他们找遍了船舱，也没有找到可替代的物品。怎么办？正当大家一筹莫展的时候，队长灵机一动，想出了"用冰做输油管道"的主意。于是，探险队把水浇在输油管道上，水当即结成了冰，再把管道抽出来，一节冰制的输油管道就做好了。用这种办法,问题很快得到了解决。这里,队长的高明取决于他高超的逻辑推理能力,而学习逻辑学是培养逻辑推理能力最有效的办法。

(二)学习逻辑学有助于正确认识客观事物和获取新知识

大量的科学与实践研究证明,人的一切认识均来自于客观世界,来自于直接经验。但是人类一代代地繁衍、壮大,人的生命的有限性,决定了人不可能把所有知识的获得完全建立在直接经验上,人们必须在有限的时空中获得更多的知识,以促进世界及人类自身的发展。这就需要人们通过间接的途径获得更多的知识。而逻辑思维就为人们获得这种间接知识提供了必要的手段。因为人们获得新知的过程是大量地运用推理的过程,而推理是从已知推出新知的思维过程。在推理中,作为前提的已有知识是由实践和各门具体科学提供的,普通逻辑则给人们提供推理过程有效性的规则,以便由前提合乎逻辑地得出结论,获取新知识。例如,海王星的发现就是从有关事实出发,根据万有引力定律,经过一系列的推理,提出科学假说并在实践中得到验证的,即通过推理这一思维形式获得了新的天文学知识。

(三)学习逻辑学有助于准确地表达和论证自己的思想

在日常生活中,人们常常要向别人表达和论证自己的思想,进行思想交流,而任何思想都是由概念、判断和推理这些思维形式构成的。如果缺乏逻辑知识,在说话、写文章时就可能表达不清,层次混乱,前后矛盾,犯下逻辑错误。例如,"所谓集体就不是一个人,因为一个人的能力毕竟是有限的。"这句话就是因为缺乏逻辑知识而犯下了逻辑错误。学习逻辑学之后,就可以自觉地按照逻辑要求运用概念做出判断,进行推理和论证,使人们的思想表达得更严谨、更有说服力。

(四)学习逻辑学有助于学好其他各门科学知识

任何一门学科都是由概念、判断和推理构成的逻辑系统。学习和掌握了逻辑学的有关理论和方法,人们就可以运用逻辑知识来理解和掌握其他学科知识,从而提高学习效果。例如,"速度是一种描述物体运动快慢的物理量。"要掌握这个概念,靠死记硬背是不容易的。如果运用"属加种差"的定义方法来理解这个概念,就会变得非常简单。首先要明确速度的属概念,速度是一种物理量,是一种什么样的物理量呢? 这就是种差所反映的内容——描述物体运动的快慢。这样,"速度"这个概念很容易就掌握了。

(五)学习逻辑学有助于提高行政职业能力和申论能力

考取国家公务员是当今大学生职业与人生规划的重要选择之一。公务员考试的基本科目为"行政职业能力测验"和"申论"。而这两个科目的应试,无一不用到逻辑知识。"行政职业能力测验"考查的内容包括言语理解与表达、数量关系、判断推理、资料分析、常识判断五个方面。言语理解与表达主要测查报考者运用语言文字进行交流和思考、迅速而又准确地理解文字材料内涵的能力;数量关系主要测查报考者对数字和数据关系的分析、推理、判断、运算能力;判断推理主要测查报考者对图形、词语概念、事物关系和文字材料的理解、比较、组合、演绎和归纳等分析推理能力;资料分析主要测查报考者对各种形式的文字、图形、表格等资料的综合理解与分析加工的能力;常识判断主要测查报考者对法律、政治、经济、管理、历史、自然、科技等方面知识的运用能力。这五个方面的能力都与逻辑思维能力有着密切的联系。"申论"一词,出自孔子的"申而论之",它是根据目前国家机关工作的需要,对考生实际能力的一种考察方法。在市场经济条件下,机关工作人员更需要具备搜集、分析、整理、概括、解决问题的能力。在"申论"考试中,为应试者提供了一系列反映特定实际问题的文字材料,要求考生仔细阅读这些材料,概括出它们反映的主要问题,并提出解决此问题的实际方案,最后再对自己的观点进行较详细的阐述和论证。它主要考察应试者的综合职业能力,包括阅读理解能力、分析判断能力、发现和解决问题的能力、语言表达能力、文体写作能力、时事政治运用能力、行政管理能力等。这些能力都离不开逻辑思维能力,特别是论证的过程,其实就是概念、判断、推理这些思维形式的综合运用过程。

(六)学习逻辑学有助于思维创新

创造意味着人们发现或是提出新问题、新思想、新方法、新技术,也代表人们发现了已有认识与事物发展客观规律间的矛盾,并不断地积极解决这些矛盾。创造性思维能力是一个综合创造过程各个环节所需能力的总称,将这些环节具体分解就可包括这样几种能力,即敏锐发现问题的能力、统摄思维活动的能力、侧向思维和形象思维的能力、评价能力等多种能力。从这些能力分解过程中可以发现,每一个能力都与人们的逻辑能力有关,因此,学习逻辑学对思维创新的帮助是显而易见的。

二、学习逻辑学的常用方法

掌握了逻辑学的知识,可以提高人们的认识水平、思考能力、论辩能力、办事效率和创新能力,那么怎样才能学好逻辑学呢?学习逻辑学的方法有很多,主要包括以下四个环节:

(1)要在理解的基础上把握逻辑学的基本知识。抽象性是各门科学的共同特点,任何一门科学都是用抽象思维的方法反映客观世界及其规律。而逻辑学与其他科学的主要区别在于它具有双重的抽象特征。作为一门工具科学,逻辑学所研究的不是思维的内容,甚至不是思维形式的内容,而是思维形式的结构。不是某些具体的概念、判断和推理,而是没有任何具体性的一般的概念、判断和推理。正是从这一般性中,抽象出逻辑学的基本理论。所以,逻辑学基本理论的术语较多,即使它是以自然语言为基础的,但符号仍然不少,同时,图表、公式和定义也不少。所谓掌握基本理论,就是掌握这些知识,而关键在于要把其所以然之故找出来,才算是真正的掌握。

（2）要注意理论联系实际。逻辑学是一门实践性很强的工具学科,学习逻辑知识的最终目的是把它应用于实践。在日常生活中,我们要自觉地运用逻辑知识分析和解决问题,从而提高自己的逻辑思维能力。

（3）要注意循序渐进、多做练习。从逻辑学的体系上看,它的各个知识点的内容连贯性强,一定要将已学的知识弄懂,才好进入到下面的学习中去。同时,要想巩固已学的定义、规则、公式与符号,关键在于多做练习、做好联系。做练习的过程是一个运用逻辑知识的过程,也是一个熟悉逻辑知识的过程。通过做练习,可以增强对逻辑知识的理解,使逻辑知识掌握得更牢,从而提高自己的逻辑思维能力。

（4）要注意举一反三,培养创新能力。学好逻辑学,"功夫在书外",即在学习其他课程的过程中,在工作中和日常生活中,如读书、看报、听广播、看电视或与人交谈中,经常注意发现逻辑问题,应用形式逻辑的理论知识加以分析和解决,"处处留心皆学问",只有这样,才能熟能生巧,融会贯通,培养和提高创新能力。

第二章　正确的思维法则：逻辑思维规律

在思维过程中，人们要使用各种思维形式。为了保证思维的确定性、明晰性、无矛盾性和论证性，就要遵守各种规则，如概念的规则、判断的规则、推理的规则。这些规则只适应于某一具体思维形式，可称为特殊规律。但要保证思维正确，除了要遵循这些特殊规律以外，还必须遵循一些最基本的、广泛适用于各种思维形式（同时适应于概念、判断、推理等思维形式）的规律，逻辑学把这些规律称为基本规律。逻辑学不仅要研究各种思维形式，而且也要研究在这些思维形式中起作用的逻辑学基本规律，它包括同一律、矛盾律、排中律和充足理由律。这四条基本规律是人们在认识客观事物及其规律的长期实践中总结出来的，它们从不同的方面揭示了人类正确思维的基本特征，告诉人们什么样的思维在逻辑上是正确的，什么样的思维在逻辑上是错误的，从不同角度、不同侧面正确地规定着人们思维的逻辑方式。具体地说，同一律、矛盾律和排中律实质上是从不同角度要求正确思维必须保持确定性，避免相互混淆、自相矛盾和模棱两可；充足理由律则要求思维论断必须具有论证性。

第一节　同一律

一、同一律的基本内容和逻辑要求

同一律的基本内容可以表述为：在同一思维过程中，任何思想与其自身保持同一。所谓思想与其自身同一,就是指一个思想反映了什么就是反映了什么,某种观点如果它是真的,那么它就是真的。

如果假设"每一思想"用符号 A 表示,那么同一律的基本内容可以用公式表示为

$$A{\rightarrow}A(A{=}A),$$

这个公式读作:"A 这个思想就是 A 这个思想""如果 A,那么 A""A 是 A"或者"A 蕴含 A"。

在同一律的公式中,A 可以是一个概念,也可以是一个判断,还可以是一个论题。该公式表明,在同一思维过程中,即在同一时间、同一关系下,对同一对象的任何一个概念或判断,自身是同一的。所谓概念同一,就是一个概念反映什么对象就反映什么对象,其内涵和外延不能变化;所谓判断同一,就是说一个判断断定什么事物情况就断定什么事物情况,在同一思维过程中始终同一。基于此,同一律具有如下两方面的基本要求:

(1)在同一思维过程中,概念必须保持自身同一,不能任意变更,即概念的内涵和外延要始终保持不变。某一概念,原来在某种意义上使用,就一直在该种意义上使用;原来反映哪类对象就一直反映该类对象,不能随意改变,更不能把不同概念随意使用。例如,当人们使用"无行为能力人""职务行为""GDP"等概念时,就必须首先明确这些概念确定的含义及适用范围,并始终在这一确定含义及适用范围内使用这一概念,不能随意改变这些概念的含义和适用范围。

(2)在同一思维过程中,每一判断自身必须保持同一,即在进行推理或论证某一问题时所使用的判断,其内容必须前后一致,不能随意变换。一个判断起初断定什么,断定多少,一直到最后仍要断定什么,断定多少,不能时而断定这样,时而又断定那样,时而断定的多,时而又断定的少。并且,逻辑研究判断的同一性,总是撇开语言表达或内容上的因素,主要研究判断的真假关系,只要两个判断逻辑上具有等值关系就可以。所以,准确掌握判断

之间的真假关系,是保持判断同一性的重要条件。例如,如果已经断定"某国家明年一定会出现严重的通货膨胀",那么,还在同一问题的讨论中,就不能再断定"该国明年不会出现严重的通货膨胀",或者"我们无法断定明年该国会不会出现严重的通货膨胀"等内容。

客观事物固然是不断运动、变化的,没有一成不变的事物,但事物又都具有相对的稳定性。思想反映客观对象这种相对的稳定性,也就必然要求在同一思维过程中思想必须具有确定性,并且必须与自身同一。但如果不是同一思维过程,基于不同的条件,不同的认知角度,对于同一思维对象,可以产生不同的思维内容。因此,遵守同一律,并不否定客观事物的变化发展,只是从这一规律没有反映事物这一变化的特性而已。

二、违反同一律的逻辑错误

根据同一律的基本要求,违反同一律的逻辑错误可以分为违反概念同一的逻辑错误和违反判断同一的逻辑错误。

(一)违反概念同一的逻辑错误

在同一思维过程中,如果不是在原来意义上使用某个概念,而是把不同的概念混为一个概念或者改换同一概念的含义,不保持概念内涵和外延的确定和同一,就会犯"混淆概念"或"偷换概念"的逻辑错误,具体分析如下:

(1)混淆概念。所谓混淆概念,具体是指在同一思维过程中,由于认识不清楚或缺乏逻辑修养,无意之中违反了同一律的要求,把不同的概念当作同一概念使用,从而造成概念混乱。例如,五四运动后,北大教授刘半农提倡"俗文学",并在《北京晨报》刊登启事,征求"国骂",拟搜集全国各地骂人的词语辑为"地方骂"和"国骂"。语言学家赵元任博士见了启示,当天就跑到刘半农宿舍,拍着桌子,用湖南、安徽、四川各地骂人的话骂了他一顿;接着周作人前来，又用绍兴话骂了他一顿。上课时，又被浙江、广东的学生相继用方言骂了一顿，弄得刘半农啼笑皆非。刘半农之所以啼笑皆非，是因为赵元任、周作人和那些学生将骂人的"方言"和刘半农的初衷"全国骂人的词语"混为一谈。

（2）偷换概念。所谓偷换概念，具体是指在同一思维过程中，为了达到某种目的，有意违反同一律的要求，把不同概念当作同一概念来使用，或者歪曲、篡改别人议论中的概念，而后加以反驳攻击的一种诡辩手法。我国古代有一个故事，可以视作偷换概念的典型案例。张班是鲁班的师兄弟，木匠工艺相当高超。有一次，张班给一个财主修建台阁，财主和他口头约定，如果修的台阁合其心意，则赏"五马驮银子"，外带"一担米、两只猪、三坛酒"。台阁修好了，财主里里外外都检查了，也找不出半点毛病，该按约定条件付给张班报酬了。可是财主叫家丁牵来五匹马，并排站着，马背上横搁一块木板，上面放了一块比手指还小的银子。财主说："这就是我给你的工钱——'五马驮银子'。"接着财主拿来鸡蛋壳装的米粒说："这是我赏的'一蛋米'。"财主又从一个纸匣里拉出了两只蜘蛛，说："这是'两蜘蛛'。"最后，他把手指头伸到一只酒壶里，蘸了一下，向前弹动了三下，对张班说："这是'三弹酒'！"在这个故事里，财主欺骗张班的手段就是利用同音异字来偷换概念。把本不会发生歧义的"一担米、两只猪、三坛酒"，肆意偷换成"一蛋米、两蜘蛛、三弹酒"，这是对同一律粗暴、野蛮的违反。

（二）违反判断同一的逻辑错误

在同一思维过程中，如果不是在原来意义上使用某个判断，而用另外的判断代替它，或者在论证某个论题时，中途改变讨论的对象或论述中心，就会犯"转移论题"或"偷换论题"的错误，具体分析如下：

（1）转移论题。转移论题也称离题或跑题，具体是指在同一思维过程中，无意识地违反同一律，更换了原判断的内容，使议论离开了论题。例如,一篇题为《茅台酒的来历》的说明文是这样说明茅台酒的来历的:名甲天下,誉满全球的茅台酒,是以其产地茅台村命名的。茅台村现为茅台镇,位于贵州省仁怀县城西北近30华里的赤水河畔。三四百年前,这里还是一个小小的渔村,因为到处长满莽莽苍苍的茅草,人们就叫它茅草村,简称茅村。1745年(乾隆十年)清政府组织开修河道,舟楫畅通茅村,茅村成为川盐入黔的水陆交通要冲,日趋繁盛,一度成为拥有六条大街的集镇,于是人们又改称茅村为茅台村。从清政府末年起,因为茅台酒名声大震,人口大增,遂改茅台村为茅台镇,一直沿用至今。这篇说明文其实是说明了"茅台村"的来历,并未说明茅台酒的来历。

（2）偷换论题。所谓偷换论题,具体是指在同一思维过程中,为达到某种目的,故意将某个论题更换为另外的论题,并把这个论题当作原来的论题,这是诡辩者常用的伎俩。例如,19世纪中叶,达尔文根据他的进化论得出"人是由猿进化来的"的结论。这一论断动摇了基督教"人是由上帝创造的"的教义,受到教会势力的猛烈抨击。1860年,在英国的牛津大学就"人类是不是由猿进化而来"的问题进行了一场著名的辩论。辩论的一方是达尔文的学生赫胥黎,另一方是大主教威尔勃福斯。在辩论会上,教会方面拿不出任何有说服力的根据,却一再批驳"人是由猴子变的",威尔勃福斯还进而对赫胥黎进行人身攻击:"请问赫胥黎教授的猴子资格是从祖父那里得到的呢,还是从祖母那里得到的呢?"威尔勃福斯故意将"人是由猿进化来的"曲解成"人是由猴子变的"这个不同的判断,然后加以批驳,这里应用的方法就是偷换论题的诡辩方法。

三、正确理解与运用同一律的保证

（一）深刻理解同一律的内容

保证思维的确定性是同一律在思维中的作用所在。思维只有具有确定性，才能正确反映世界，人们才能进行正常的思想交流。因此，一切正确的思维都必须遵守同一律。只有遵守同一律，才不致产生"混淆概念"和"转移论题"的逻辑错误，才能使思维活动正常进行下去。只有遵守同一律，一篇文章、一个讲话，才能主题明确、思路连贯，有条理，首尾照应，从而构成一个有机整体。只有遵守同一律，思想交流才畅通无阻，辩论才能不离题目，开会才能有中心……总之，遵守同一律是正确思维和表达的必要条件。

（二）合理区分逻辑同一与形而上学同一

逻辑同一与形而上学同一属于两个完全不同的概念，主要体现在二者的含义与性质上，具体如下：

（1）含义不同。逻辑同一是指人们在同一思维过程中，概念和命题要保持同一，不得随意改变，公式"$A \rightarrow A$"正是表示这一含义的；形而上学同一是指客观事物永远与自身绝对同一，永远不变。形而上学也使用"$A \rightarrow A$"这一公式，但却赋予完全不同的含义，即 A 永远是 A，固定不变。

（2）性质不同。逻辑同一属于逻辑范畴，它既不是世界观，也不是方法论。具体地说，逻辑同一不是对事物的根本看法，不涉及也不否定事物的发展和变化，更不能用来作为指导人们观察、认识和改造世界的根本方法。它只是人们正确认识世界和准确表达思想的一种必要手段。形而上学同一则不同，它属于哲学范畴，既是世界观，也是方法论。具体地说，形而上学同一是对客观事物的一种根本看法，它从根本上否认了事物的发展变化；它是一种反科学的方法论，是对客观事物本来面貌的歪曲，用这种方法论来指导认识和实践，只能导致失败的结果。

（三）不能把同一律绝对化

同一律的作用是有局限性的，在肯定同一律作用的同时必须予以注意。同一律说的是在同一思维过程中，每一思想具有同一性。但它并不否认事物的发展变化以及反映这些事物的概念和判断的变化。它只是要求在同一时间、同一关系下（或从同一方面）对同一对象的认识是同一的。时间变了，反映事物的概念、判断发生变化不违反同一律。另外，事物的属性是多方面的，从不同方面反映同一对象，形成的概念、判断也不相同。总之，在运用同一律时必须注意同一律起作用的范围，如果把同一律理解为"A在任何情况下都是A"，否认事物的发展，从而也否认反映事物的思想的发展变化，就会陷入错误的形而上学方法论中。例如，某单位领导在职工大会上说："我今年50岁了，不算年轻了。"大会下来，这位领导又在单位领导班子会议上说："在座的各位领导中，我是最年轻的。"这里，这位领导先说自己"不算年轻了"，后面又说自己"是最年轻的"，但他并不违反同一律。因为这样两个不同的判断，不是在同一关系下做出的断定。前者是就自身的年龄段而言，后者是就自己和到会的其他各位领导的年龄相比较而言。这两个判断并不相互矛盾，所表达的思想仍然是确定的，是符合同一律的要求的。

四、同一律的具体应用

同一律在人们的实际生活中，特别是在数学、立法、司法以及写作中，有着十分广泛的应用。

（一）同一律在数学中的具体运用

数学是严格地按照同一律原则建立起来的一门演绎科学。在数学大厦中，每个概念自身是确定的，概念与概念之间的区别也是确定的，如果做不到这两点，整个数学大厦就会崩溃。同样，如果对一个基本概念没有一个明确一致的定义，这门科学也无法建立，几何学的诞生就很好地证明了这一点。在欧几里得之前，几何学的知识已经十分丰富，但一直没有形成一门系统的科学，究其原因，主要是当时对"点"没有一个统一的定义，有人把它当成物理上的点，有人又把它当成没有量度的抽象的点。只有当欧几里得统一了"点"的定义以后，一门系统的几何学才得以诞生。

（二）同一律在立法中的具体应用

立法即法律的制定或创制，是指一定的国家机关按照法定职权和程序，制定、修改和废止法律及其他规范性法律文件，包含法律的立、改、废等活动。立法的基本任务是确定规定性概念、概念所指向的行为的社会影响、这些社会影响基础上的权利和义务关系。它要求概念和判断的含义必须清楚明确，始终如一地保持其确定性。例如，"危害国家安全罪"与"一般刑事犯罪"，虽都具有社会危害性，但前者具有"危害国家安全的目的"，而后者不具有这种内涵，因而是不同的罪名概念，二者的内涵和外延都是不同的。

（三）同一律在司法过程中的具体应用

所谓司法，具体是指国家司法机关依据法定职权和程序，具体运用法律处理案件的专门活动，是法律实施的一种重要方式。司法工作人员在执法过程中，为了保证法律规定的自身同一，特别不允许按照个人的理解解释法律和按照自己对法律的体会办理案件。只能按照法律规定的原意，是什么就理解为什么，力求准确，否则便是违反同一律。办理案件必须引用法律条文，真正以法律为准绳。正确理解和应用法律条文，要求办案人员必须严格遵照法律的规定。例如，刑法要求各种罪名已经经过统一认定（规定），各种罪名都有确定的内涵和外延。适用某个罪名时，就必须将分则中的罪名概念和行为人的行为特征认真加以比较、比对，做到不冤枉一个好人也不放跑一个坏人。在案件的审理过程中，同一案件的事实、辩护、定性、判处之间必须相应相称，特别是辩护律师的辩护词和公诉人的公诉词应当针对同一问题进行。而法律文书的制作同样需要遵守同一律的要求。例如，判决书中所使用的主要概念，如罪名概念，就应当与法律条文保持同一；笔录必须忠于原话原意,不能用记录员(书记员)自己的思想来代替;记录案件的时间、地点、案由以及案件中所涉及的地名、人名、数字等时,所使用的概念都必须前后一致,符合同一律的要求。

在司法实践中,由于各参与方与各参与人的逻辑思维能力的差别或利害关系,极容易出现转移论题的情况。例如,在预审和审判中,由于利害上的关系,一些犯罪嫌疑人或被告人总是千方百计避重就轻和回避实质问题。其惯用手法主要有:用"记不清了"的词句来搪塞;用默不作声的态度相对抗;避重就轻不回答问题的实质;东拉西扯企图蒙混过关;答非所问,完全转移论题。遇到这些情况,司法人员就要想方设法使双方在论题上保持同一,也就是要始终抓住问题的要害不放,"一竿子插到底"。

另外,在司法实践中,最容易混淆的概念就是那些既相近而又相异的概念,这些概念在语言形式上通常表现为"一字之差",如"从重"与"加重","从轻"与"减轻","抢劫"与"抢夺","人犯"与"犯人","服法"与"伏法","定金"与"订金","拘留""拘役"与"拘传","申诉""上诉"与"反诉",等等。这些概念虽然只有一字之差,却各有不同的含义,如果混为一谈,那就不仅违反了同一律,而且会产生"差之毫厘,谬以千里"的后果。区别这些容易混淆的概念的办法,就是把它们的相近、相同和相异之点找出来。例如,"抢劫"和"抢夺"的共同点是明抢,即公开地抢,其不同在于抢劫具有使用暴力或者以暴力相威胁这一特征,而抢夺则具有乘人不备这一特征。

(四)同一律在写作中的具体运用

同一律在写作中的运用,主要是指整篇文章的结构要有一种内部的联系,要围绕一个中心,不能跑题。

例如,古代有人为富贵人家的老太太献诗祝寿,诗句如下:

这个婆娘不是人,

九天仙女下凡尘。

儿孙个个都是贼,

偷得蟠桃奉母亲。

这个民间故事就生动地说明了同一律在写作中的重要性。这首诗的第一句乍一看是在骂老太太"不是人"，会令这个富贵人家愤怒；但第二句将老太太比作仙女，仙女确实不是凡人，这个富贵人家听了则由怒转喜；第三句乍一看又在骂这一富贵人家"全是贼"，又会令全家再一次怒形于色；但第四句点明全家人偷蟠桃为母亲祝寿，体现出全家人的孝心，又使全家上下捧腹大笑。究其原因就在于四句诗贯穿了一个主题思想——祝寿。

在正确理解同一律的作用时，要认识到同一律是思维规律，不是客观规律。同一律只是要求人们研究思维形式之间的关系时把已经建立的思维形式暂时确立、固定，以满足进一步研究的需要。但这并不认为思维形式是一成不变的，更不意味着思维形式所反映的客体是一成不变的，而把客观事物看作永恒不变的观点正是形而上学绝对同一原则的本质特点。

第二节　矛盾律

一、矛盾律的基本内容和逻辑要求

矛盾律的基本内容可以表述为：在思维的过程中，在同一时间，从同一方面，对同一个思维对象不能做出两个相矛盾的认识，或者说，我们不能同时肯定两个互相矛盾的论述。例如：

①对于同一个人，不能在同一时间里，既说他是英国人，又说他是美国人，因为这两种说法是互相矛盾的。

②对于同一个中国公民，不能在同一时间里，既说他是共产党员，又说他不是共产党员，因为这两种说法是互相矛盾的。

矛盾律的基本内容可用文字描述为"不能既肯定 A 又肯定非 A"或"A 不是非 A"。用公式可表示为

$$\urcorner(A \wedge \urcorner A) \text{ 或 } \overline{A \wedge \overline{A}}。$$

这个公式为永真式,其中"A"表示任何一判断,"非 A(¬A 或 $\overline{A}$)"表示与"A"相反对或相矛盾的判断。$A \wedge \overline{A}$ 表示逻辑矛盾,该式为永假式,如果在一个论述中出现了 $A \wedge \overline{A}$,那它一定违反了矛盾律。

例如,我国著名古典著作《韩非子》中的《难势》里有这样一个典故:楚人有鬻盾与矛者,誉之曰:"吾盾之坚,物莫能陷也。"又誉其矛曰:"吾矛之利,于物无不陷也。"或曰:"以子之矛,陷子之盾,何如?"其人弗能应也。从楚人的叫卖声中可引出两个相反的思想,一方面,所有的东西可以被他的矛刺穿——A;另一方面,有些东西(他的盾)不可以被他的矛刺穿——$\overline{A}$。由于既肯定了 A,又肯定了 $\overline{A}$,所以,楚人违反了矛盾律。

再如,1945 年,毛泽东在《第十八集团军总司令给蒋介石的两个电报》一文中,揭露了蒋介石的逻辑矛盾。原文如下:

我们从重庆广播电台收到中央社两个消息,一个是你给我们的命令,一个是你给各战区将士的命令。……我们认为这两个命令是互相矛盾的。照前一个命令,"驻防待命",不进攻了,不打仗了。现在日本侵略者尚未实行投降,而且每时每刻都在杀中国人,都在同中国军队作战,都在同苏联、美国、英国的军队作战,苏美英的军队也在每时每刻同日本侵略者作战,为什么你叫我们不要打了呢?照后一个命令,我们认为是很好的。"加紧作战、积极推进、勿稍松懈",这才像个样子。只可惜你只把这个命令发给你的嫡系军队,不是发给我们,而发给我们的另是一套。

在日本帝国主义即将彻底投降的时候,蒋介石有两个命令:一个是"驻防待命",不进攻了,不打仗了;另一个是"加紧作战、积极推进、勿稍松懈"。蒋介石的用心不言而喻,但这两个命令是互相矛盾的。毛泽东从揭露蒋介石违反矛盾律的逻辑错误开始,引导全国人民进一步认清蒋介石的抢占地盘、抢摘抗日果实的真实目的。

对于矛盾律,需要特别注意的是,两个互相反对或互相矛盾的判断不能同时都真,其中必有一假,只有在"同一思维过程中"才是有效的,即在"同一对象、同一时间、同一关系"下才是有效的。如果对象不同,或者时间不同、关系不同,那么这种规定就是无效的。

根据其内容可知,矛盾律对思维所提出的逻辑要求表现为以下两个方面:

(1)在概念方面的要求。在同一思维过程中,不能用两个互相矛盾或互相反对的概念"A"与"非 $A(\neg A$ 或 $\overline{A})$"指称同一对象,即在同一思维过程中,不能同时用两个互相矛盾或互相反对的概念指称同一个对象,否则就会出现逻辑矛盾。例如,不能用"动物"与"非动物"去反映动物这个类,如果这样做就会出现概念的矛盾"非动动物";再如,"慢吞吞的快马""青年的老头""铁制的木桌""长的短"等这样一些概念也是违反矛盾律要求的。

(2)在判断方面的要求。在同一思维过程中,一个判断不能既断定某对象是什么,又断定它不是什么,即不能同时肯定两个互相矛盾或互相反对的判断都是真的,必须确认其中有一个是假的。例如,"这个人是中国人"和"这个人不是中国人"不能同真。

最后需要特别指出的是,矛盾律和同一律一样,都是人们思维确定性的需要。同一律的公式是"A 是 A",矛盾律的公式是"A 不是非 A"。由此可见,矛盾律正好是同一律的反面展开,即以否定的形式展示同一律。

二、违反矛盾律的逻辑错误

违反矛盾律的典型错误,就是思想的自相矛盾,即在同一思维过程中,既有某种思想,同时又否定这种思想,或者把两种相互否定的思想看作都是真的。人们常说的"不能自圆其说""自己打自己的嘴巴",指的就是这种自相矛盾的逻辑错误。在思维实际中,自相矛盾主要表现为概念的自相矛盾和判断的自相矛盾。

(一)概念的自相矛盾

所谓概念的自相矛盾,具体是指用互相矛盾的概念来反映同一对象,即使用了包含有逻辑矛盾的概念。例如,"这篇稿件是所有采用的稿件中唯一没有被采用的稿件",其中"采用的稿件中唯一没有被采用的稿件",这是一个包含有逻辑矛盾的概念。这句话就等于既肯定了"这篇稿件"是属于采用的稿件,又肯定了"这篇稿件"是属于没有被采用的稿件。显然,这两种思想不能同真。因此,用这个包含有相互否定思想的概念来指"这篇稿件",就不能不使人迷惑,"这篇稿件"究竟是采用了的稿件还是没有被采用的稿件,令人费解。再如,"鳏寡孤独的老妇人"。用"鳏"和"孤"来形容无丈夫、无子女的老妇人是不合逻辑的,因为"鳏"是指老而无妻,"孤"是指少而无父母。所以这句话等于是说"一个没有丈夫、没有妻子、没有子女、年少的没有父母的老太太",这不是自相矛盾、滑稽可笑吗?

(二)判断的自相矛盾

所谓判断的自相矛盾,具体是指把相反的两种判断看作都是真的,出现自相矛盾。在判断的运用上,自相矛盾有时出现在同一句话中,有时表现为前后的观点互相冲突。例如,"中国有世界上没有的秦始皇兵马俑",既肯定了"中国有秦始皇兵马俑",同时又肯定了"世界上没有秦始皇兵马俑",把相反的两种判断都看作是真的,犯了自相矛盾的逻辑错误。

再如,阿凡提的传说中有一个叫"女人的话"的小故事。毛拉经常向人劝诫说:"女人的话可千万不能听啊!"阿凡提听了毛拉的这个话,有一天就跑去问毛拉:"毛拉先生,女人的话能听不能听?""咳,女人的话可千万听不得!"毛拉说。阿凡提又说:"那就照你的话办吧。我家里有两只羊,我女人说要送给你,我说不送。多谢你给我把这件事断绝了。"说着他转身就走。毛拉一听此话,马上跑去拉着阿凡提说:"不过,女人的话有时也可以听哩!"

在这个小故事里,将毛拉的贪婪、虚伪、欺诈与馋嘴表现得淋漓尽致。毛拉一会儿说"女人的话都不能听"一会儿又改口说"有时女人的话可以听"。而这两个判断是具有矛盾关系的判断,不能同时加以肯定,其中必有一假。但毛拉为了馋嘴,却不惜自相矛盾,自打嘴巴。

自相矛盾的发生,通常与一个人的思维能力、认识水平有关。思维不严密的人,谈论问题时总是常常说到后面不顾前面,因而出现前后思想互相冲突;对某个问题总是缺乏认识的人,在不同的观点面前往往会觉得这种看法对,那种看法也对,以致对相反的两种观点都表示同意、赞成,从而出现自相矛盾。

三、正确理解与运用矛盾律的保证

(一)正确区分逻辑矛盾与辩证矛盾

所谓辩证矛盾,具体是指在辩证概念和辩证判断中以客观事物本身的矛盾性质为反映对象,从多个方面揭示对象物具有或不具有某种性质,从而更好地认识对象物的逻辑方法。逻辑矛盾和辩证矛盾尽管在词语形式上都包含着"矛盾"一词,但两者的含义是根本不同的,合理地区别逻辑矛盾和辩证矛盾,能使人们懂得什么矛盾应当正视,什么矛盾应该避免。逻辑矛盾与辩证矛盾的不同点具体可以概括为如下几个方面:

(1)客观条件不同。辩证矛盾的存在是无条件的、普遍的,其无条件性就在于它是事及其过程中固有的客观存在着的。无论是自然界还是人类社会,矛盾无处不在、无时不有,世界就是一个矛盾的世界。而逻辑矛盾的存在是有条件的,其存在的条件性就在于它不是客观事物内部固有的矛盾,也不是思维过程中固有的必然存在的矛盾,只有当人们在思维中有意或是无意地违反了矛盾律的要求才会犯的错误。

(2)性质不同。辩证矛盾是指存在于事物内部既对立又统一的矛盾,是思维对客观事物内在矛盾性的正确反映,客观事物的内在矛盾性反映在人的思维中就形成思维中的辩证矛盾。逻辑矛盾是由于思维过程违背了矛盾律的要求所造成的逻辑错误,是思维在反映现实过程中陷入混乱的表现。

（3）内在关系不同。构成辩证矛盾的两个思想是相容的、并存的,是肯定与否定的对立面的统一,因此,两个思想是互相依存和互相转化的。而构成逻辑矛盾的两个思想是互相否定,互相排斥的,两个思想不是对立面的统一,因此,两个思想不存在互相依存和互相转化的关系。

（4）解决方法不同。辩证矛盾是事物固有的实实在在的矛盾,这种矛盾无法回避,也不可能人为地排除。而逻辑矛盾是在违反了矛盾律出现的逻辑错误,应该是可以避免和排除的。

（5）逻辑值不同。构成辩证矛盾的两个思想可以同真,而构成逻辑矛盾的两个思想不能同真,必有一假,也可能同假。

(二)正确地理解"悖论"

悖论是一种特殊的逻辑矛盾,由其真可以推出它的假,由其假又可以推出它的真。例如,"我正在说的这句话是假的",若断定该判断的真,由于该判断断定"我正在说的这句话是假的",因此它是假的;若断定该判断的假,由于该判断断定"我正在说的这句话是假的",所以,它又是真的。这样,便形成悖论。由于悖论是一种逻辑矛盾,故而无论写文章还是构建理论体系,都要尽量避免或排除悖论。悖论问题是一个涉及逻辑、数学、哲学和语言学的复杂问题,并不简单地是一些违反矛盾律的谬误,因此单靠逻辑学是解决不了的。而且不同的悖论,形成的原因也不一样,解决的方法自然也不相同。在现代逻辑中,逻辑学家和数学家通过对悖论产生的根源及解决方法的深入研究,取得了一定的成果,对人们在理论体系中避免产生悖论十分有意义。接下来讨论几个著名的悖论。

1902 年,罗素提出集合论悖论,具体如下:

集合可分为两种,一种是本身分子集,另一种是非本身分子集。例如，一切概念所组成的集，由于它本身也是一个概念，所以必为该集自身的一个元素；一切集合所组成的集合也是一个本身分子集；自然数集合 N 绝不是某个自然数 n，故而自然数集合 N 是一个非本身分子集。这样，任给一个集合 M，它不是本身分子集就是非本身分子集，不应有其他例外。现在考虑由一切非本身分子集组成集合 Σ，试问 Σ 是哪一种集合？若设 Σ 为本身分子集，则 Σ 为自身的一个元素，而 Σ 的每一元素皆为非本身分子集，故 Σ 也应是一个非本身分子集；再设 Σ 为非本身分子集，而一切非本身分子集皆在 Σ 之中，故 Σ 也应在其中，因而 Σ 又是一个本身分子集。无论哪种说法都不通，这也被称为罗素悖论。

为了形象地说明他发现的集合论悖论，罗素在 1919 年将该悖论改写为著名的理发师悖论，具体表述如下：

李家村中所有有刮胡子习惯的人可分为两类，一类是自己给自己刮胡子的人，另一类是自己不给自己刮胡子的人。李家村中一个有刮胡子习惯的理发师自己约定："给而且只给村子中自己不给自己刮胡子的人刮胡子。"现在问：这个理发师是属于哪一类人？如果说他是属于自己给自己刮胡子的一类人，则按他自己的约定，他不应该给他自己刮胡子，因而他便是一个自己不给自己刮胡子的人；再假设他是属于自己不给自己刮胡子的一类人，则按他自己的约定，他必须给他自己刮胡子，因而他又成了一个自己给自己刮胡子的人了。两种说法都不通，这就是理发师悖论。

（三）在实践中正确利用矛盾律

遵守矛盾律规则，在实践中可以有以下几方面的作用：

（1）揭露对方的逻辑矛盾，是辩论中取胜的重要方法。根据矛盾律的要求，思维中不能存在逻辑矛盾，所以，把握矛盾律，有助于从逻辑上揭露错误和诡辩，驳斥论证的对手，使之不能自圆其说。

（2）发现并解决逻辑矛盾，是促进思维和科学发展的重要途径。根据矛盾律的要求，任何科学理论都不应包含逻辑矛盾。遵照矛盾律是构造科学体系的起码要求。科学常常是在发现逻辑矛盾，并且逐步排除逻辑矛盾的过程中发展的。

（3）矛盾律有独特的推理作用。根据矛盾律的要求，在同一思维过程中，一个思维及其否定不能同真，必有一假。所以，可以利用矛盾律确定在互相矛盾或互相反对的思想中必有一假（谁假不定，但必有一假）进行逻辑推理。

四、矛盾律的具体应用

矛盾律是关于思维无矛盾性的规律，它的作用就是保证思维的前后一贯性。与同一律一样，矛盾律强制地规范着人们的思维形式和语言表达。根据矛盾律，任何包含逻辑矛盾的思想不可能是符合实际的。因此，人们要正确地进行思维或正常交流思想，就必须自觉遵守矛盾律的要求，避免犯自相矛盾的错误。在人们的实际生活中，特别是在立法、司法过程中，矛盾律有着十分广泛的应用。

（一）矛盾律在立法中的具体应用

立法的过程就是制定、修改和废止法律及其他规范性法律文件的过程。制定、修改、废止法律，要求内容前后一贯，不得自相矛盾或互相矛盾。任何部门法律与宪法不得抵触，各部门法律之间也不允许就同一调整对象有互相矛盾的规定，地方的法律法规不得与国家的法律法规相抵触。否则，就会导致法律法规的自相矛盾。例如，1975年《宪法》对国务院的职权修改得就含混不清，把1954年《宪法》规定的国务院"统一领导全国地方各级国家行政机关的工作"改为"统一领导全国地方各级国家机关的工作"，省去"行政"二字。这就与国务院的性质发生了矛盾。本来，国务院是最高国家权力机关的执行机关，是最高国家行政机关。按照1975年《宪法》对国务院职能的这种规定，既然国务院统一领导"地方各级国家机关"，就意味着，地方各级人民代表大会、地方各级人民法院、人民检察院,都在国务院统一领导之下。修改的结果,却使国务院变成一身四任:不仅是最高国家行政机关,又是最高国家权力机关、最高审判机关和最高检察机关,矛盾重重。宪法中这些矛盾条款的存在,无法保证国家法律体系的严肃性和科学性。

(二)矛盾律在司法中的具体应用

矛盾律在司法中有着重要的作用。司法以法治原则、平等原则、独立原则、责任原则为基本精神和准则,因此,对犯罪事实的认定,对犯罪行为的判处(定罪、量刑),要坚持"罪刑法定","罪、责、刑相适应"的原则,防止司法过程中的自相矛盾。在案件的事实材料中,不允许出现互相矛盾的或互相反对的材料。如果出现互相矛盾的或互相反对的材料,就说明案情尚未完全搞清楚。故2001年12月6日由最高人民法院审判委员会第1201次会议通过、自2002年4月1日起施行的《最高人民法院关于民事诉讼证据的若干规定》第73条规定:"双方当事人对同一事实分别举出相反的证据,但都没有足够的依据否定对方证据的,人民法院应当结合案件情况,判断一方证据证明力是否明显大于另一方提供证据的证明力,并对证明力较大的证据予以确认;因证据的证明力无法判断导致争议事实难以认定的,人民法院应当依据举证责任分配的规则作出裁判。"

在定罪、量刑过程中,如果违背矛盾律的基本要求,就会导致不正确的定罪和量刑。例如,某法院对李某虐待其妻一案,判决书上写着"由于该犯经常施暴致使其妻已成残疾,情节严重",但对李某仅判了一年有期徒刑,并缓刑一年。如果事实果真如法院判决书所述,则是严重的伤害人身、虐待妇女罪行,但又不以严重的伤害罪判刑。这显然是重罪轻判,自相矛盾。

判决书中更不能出现自相矛盾的说法,因为判决书是人民法院代表国家行使审判权发出的正式文件。它应该论点清楚,逻辑严密。如果判决书出现自相矛盾,就达不到这个要求,而且还表现出制作判决书的人对严肃的事情抱轻率的态度。

正确使用矛盾律，有利于司法工作的开展。例如，在案件审理中，正确运用矛盾律，有利于保证案情材料与案件事实相统一。案件的审理首先要强调事实清楚，这就要求案情材料与案件发生的实际情况相符合；同时，案情材料之间要相一致。如果案情材料与案件发生的实际情况相矛盾或相反对；如果案情材料之间出现不一致，即案情材料之间有互相矛盾的材料或互相反对的材料，就不能定案。如果不注意案件材料与实际情况的相矛盾或相反对，不注意案情材料之间的相矛盾或相反对，那么就可能发生错判。许多错案的发现和纠正，最初就是从发现案情材料之中存在着矛盾关系或反对关系而开始的。

第三节　排中律

一、排中律的基本内容和逻辑要求

排中律的基本内容可以表述为：在同一思维过程中，任何一种思想和对这种思想的否定，二者必有一真，不可能二者都假。这一事实可以简单表述为"A 或非 A"，可用公式表示为

$$A \vee \overline{A}(A \vee \neg A),$$

其中"A"与"$\overline{A}$（或 $\neg A$）"表示两种相互否定的思想。如果"A"表示任一思想，"$\overline{A}$（或 $\neg A$）"则表示对该思想的否定。比如，若"A"为判断"所有 S 是 P"，则"$\overline{A}$（或 $\neg A$）"就为判断"并非所有 S 是 P"，即"有 S 不是 P"；若"A"为"这个 S 是 P"，那么"$\overline{A}$（或 $\neg A$）"为"这个 S 不是 P"。排中律公式表明，"A"与"$\overline{A}$（或 $\neg A$）"这样两种思想不可能同时都假，二者之中必有一真。

亚里士多德把排中律表述为："在对立的陈述之间不允许有任何居间者，而对于同一事物必须要么肯定要么否定其某一方

面。这对于定义什么是真和假的人来说是十分清楚的。"《墨经》中也有这样的论述："所谓非同也，则异也。同则或谓之狗，或谓之犬。异则或谓之牛，其或谓之马也。俱无胜，是不辩也。辩也者，或谓之是，或谓之非，当者胜也。"

排中律反映了正确思维必须具有明确性。人们在思维或论辩中要求观点明确、是非清楚、立场坚定、旗帜鲜明，否则，就会观点模糊，令人费解。在"是"与"非"之间含糊其辞、模棱两可，是也否定，非也否定，让人无所适从，这样的思想就是不明确的。

根据排中律的基本内容，其具体要求可以表述为如下两个方面：

(1)排中律对概念使用的要求。在同一思维过程中，必须或者用概念 A 去反映某一对象，或者用概念 $\overline{A}$（或 $\neg A$）（即 A 的矛盾或者下反对概念）去反映该对象，A 与 $\overline{A}$（或 $\neg A$）两者必须居其一。换言之，必须或者说一个对象是 A，或者说它不是 A，而不能说它既不是 A 又不是 $\overline{A}$（或 $\neg A$）。否则，就会犯逻辑错误。例如，"51 岁以下的人"与"15 岁以上的人"两个概念具有下反对关系，外延之和等于论域"人"，客观上没有任何一个人既不是"51 岁以下的人"，又不是"15 岁以上的人"。因此，在正确、合理性思维中，或者说某个人是"51 岁以下的人"，或者说他是"15 岁以上的人"，而不能说他"既不是 51 岁以下的人，又不是 15 岁以上的人"。

(2)排中律对判断使用的要求。在同一思维过程中，必须或者断定 p 是真的，或者断定非 p（即 p 的矛盾或者下反对判断）是真的，p 与非 p 两者必须居其一。也就是说，必须或者肯定 p 这句话，或者肯定非 p 这句话，而不能同时否定 p 与非 p 这两句话。否则，就会犯逻辑错误。例如，在同一正确、合理性思维过程中，人们不能既否定"世上有鬼"，又否定"世上无鬼"。因为这两个判断之间具有矛盾关系，客观上不可能同时为假。又如，"有的人是好人"和"有的人不是好人"这两个判断之间具有下反对关系，客观上也不可能同时为假。因而在同一正确、合理性思维过程中，一定不能同时加以否定。

二、违反排中律的逻辑错误

根据排中律的要求,在同一思维过程中,对于两个矛盾关系的思想不能同时加以否定,如果都加以否定,就会导致逻辑错误。这种错误具体表现为两不可的错误和未置可否的错误。

(一)两不可的错误

所谓两不可的错误,就是指对两个互相矛盾的思想全部加以否定。例如,某案件在开庭审理中,公诉人以甲犯贪污罪向法庭提起公诉,并列举了大量证据证明被告人已构成贪污罪。在法庭辩论时,辩护人就被告人不具备构成贪污罪的主体,即被告人甲不是国家工作人员或依法从事公务的人员,认为认定此案被告人构成贪污罪的证据不确实充分。最后审判长发言说:"刚才公诉人的指控与辩护人的辩护都不是正确的。"这是典型的"两不可"的错误。因为公诉人以大量证据证明被告人甲有贪污罪,公诉人的思想为 A;而辩护人认为有的证据不能证明被告人甲犯有贪污罪,辩护人的思想为 $\overline{A}$(或 $\urcorner A$)。A 与 $\overline{A}$(或 $\urcorner A$)是矛盾关系,二者不能同假,其中必有一真。然而审判长既否定 A,又否定 $\overline{A}$(或 $\urcorner A$),违反排中律,犯了两不可的逻辑错误。

(二)未置可否的错误

未置可否的错误就是对两个互相矛盾的思想既不肯定,也不否定,含糊其辞,不明确表态。常见的未置可否的错误有如下两种:

(1)回避表态。当表态涉及个人利害,特别是会引起严重后果时,说话人为了保护自己,有意识地违背排中律,常常岔开话题,避免明确表态。例如,在一则寓言里,狮子当着老虎的面问狐狸:"我是不是山中之王?"狐狸如果回答"是",就会得罪老虎,被老虎吃掉;如果回答"不是",就会得罪狮子,被狮子吃掉。狡猾的狐狸想了想,笑着说:"狮子先生,您和老虎的雄威早就令人钦佩,你们的宽宏大量又无人可比。我愿为你们二位效劳。河边还有两头小鹿也自愿供你们享用，我现在就去把他们带来。"

（2）用语含糊。对于两个互相矛盾的思想，既可作这样的理解，也可作那样的理解，在思维过程中，同一思想的内涵的确定性、统一性未得到遵守。例如，甲问乙："你出版过学术专著吗？"乙回答："我写过点东西。"

由于判断的结构和语言环境的复杂性，以下情况不被看成是违背排中律的：

（1）对具有反对关系的两个判断，都加以否定。例如，"所有的案件材料都是真实的"和"所有的案件材料都不是真实的"，两个判断之间是反对关系，可能都取值为假，因此，可以同时否定这两个判断。

（2）由于对问题缺乏深入的认识而不能做出抉择，不能视为违反排中律。例如，有人问："这里的地下有没有金矿？"甲回答："我不知道。"由于甲对"这里的地下有没有金矿"缺乏深入的认识而无法做出回答，所以回答"我不知道"。

（3）对特别复杂的问题，需要从多方面做具体的深入的分析，不宜在"是"与"非"之间作简单的抉择。在这种情况下对具体问题拒绝回答，并不违反排中律。例如，"癌症是不是由于物理因素造成的"。

（4）反驳"复杂问语"，并不违反排中律（因为这些复杂用语暗含不当假定）。例如"你作案后回家了还是没有回家？""你是否已经改掉了偷东西的毛病了？"前者暗含着"作案"的不当假定，后者暗含着问题的回答者"有偷东西"的不当假定。因此，对这类含"复杂问语"的不当假定，应该进行反驳。

三、正确理解和应用排中律的保证

（一）正确区分排中律的"中"与唯物辩证法的"中介"

排中律的"中"与唯物辩证法的"中介"是两个完全不同的概

念,不能把二者混为一谈。从含义上看,排中律的"中"是指思维过程中"是"与"否""真"与"假"的中间情况,这种中间情况不是客观存在,而仅仅是在人的思维过程中。唯物辩证法的"中介"是对客观世界普遍存在的中间环节的客观、正确的反映,也就是人们常说的中间环节,这种中间环节是真实的、普遍的。例如,客观世界中确实存在着"不前不后""不上不下""不左不右""亦此亦彼"等现象,这就是唯物辩证法的"中介"。因此,在应用过程中不能夸大排中律的作用。从意义上看,排中律的"中"不是逻辑学的范畴,是表现那种影响思维明确性的虚构存在的状况,是排中律所要排除的对象,在"是"与"否""矛"与"盾"之中做出"非此即彼"的选择。唯物辩证法的"中介"是一个哲学范畴,它揭示了客观事物的"亦此亦彼"的辩证性质,具有方法论的意义。

(二)正确理解排中律的本质

排中律是保证思维明确性的一条规则,它从思维不能"两否"的角度补充了矛盾律的内容,进一步保证思维具有确定性。

在具体实践中,排中律不仅有助于消除思维中的两不可现象,保证思维的明确性,而且要求人们在真理与谬误、是与非面前旗帜鲜明,不能犹豫。而诡辩者和坚持错误的人总是回避在相互排斥的观点之间做出明确选择。运用排中律,就可以首先从逻辑上揭穿其诡辩手法,进而驳斥其观点的谬误。

另外,排中律可以用来进行推理和论证,从正面阐述观点。这是由于排中律是确认在同一思维过程中两个互相矛盾或具有下反对关系的判断不能同假,虽然必有一真,但到底哪个真不能确认,肯定有一个真的,也可能同真。

(三)正确理解排中律与同一律、矛盾律的关系

同一律、矛盾律和排中律虽然具体内容和要求不同,但它们是密切联系的,都是为保证思维的确定性而必须遵循的逻辑思维规律。

　　从反映思维确定性的手法上看，同一律是直接要求思想必须确定，任何思想反映了什么样的思想内容就应该保持反映这个内容；矛盾律则从反面要求确定的思想必须不能包含矛盾，如果思维过程中出现了互不相容的两种思想内容，那么，这两种思想不可能同时都是真的，必须否定其中一个；排中律则进一步要求具有确定性的思想必须对对象有所断定，如果思维过程出现两种具有矛盾关系的思想，那么，这两种思想不能同时都是假的，必须肯定其中一个。因此，三者分别从不同的角度反映了正确思维所必须具有的确定性。

　　同一律用公式表达为 $A \to A(A = A)$，矛盾律用公式表达为 $\overline{A \wedge \overline{A}}(\neg(A \wedge \neg A))$，排中律用公式表达为 $A \vee \overline{A}(A \vee \neg A)$，而这三个判断形式是等值的，可以互相替换。这就表明，同一律、矛盾律和排中律所要求遵守的逻辑思维规律的内容是一致的。它们的客观基础就是客观事物的确定性和相对稳定性，反映客观事物这一特性，正确的思维也就必然要具有确定性、无矛盾性和明确性。

　　需要特别注意的是，对于具有矛盾关系的两个判断，虽然可以从其中一个判断的真来断定另一个判断必假，也可以从其中一个判断的假来断定另一个判断必真，但断定的依据却是不同的。前者依据的是矛盾律，即两个具有矛盾关系的判断，不能同时是真的，故从其中一个判断是真，就必然可以断定另一个判断是假的；后者所依据的是排中律，即两个具有矛盾关系的判断，不能都是假的，故由其中一个判断的假，可以推知另一个判断必真。由此可见，矛盾律旨在断定相否定的思维内容必有一假，故矛盾律适用于存在矛盾关系、反对关系的事物情况；而排中律则旨在断定相矛盾的思想必有一真，因而排中律只适用于存在矛盾关系的事物情况。对于具有反对关系的事物情况，由于除了相互反对的这两者之外，还存在其他的情况，故无须在相反对的两者中做出"非此即彼"的断定。

四、排中律的具体应用

排中律的作用在于保持思维的明确性。遵守排中律是人们认识现实、发现真理的一个必要条件,因为任何正确的认识都同思想上的摇摆不定、含糊其辞是相排斥的。在人们的实际生活中,排中律有着十分广泛的应用。当问题被归结为两个互相矛盾的思想时,排中律就要求人们在二者之中承认一个为真。如果含含混混,吞吞吐吐,既不承认这个,又不承认那个,就会造成思想上含混不清,从而也就不能得到确定的认识,更谈不上获得真理性的认识了。接下来,以排中律在立法与司法过程中的具体应用进行举例分析。

(一)排中律在立法中的具体应用

排中律在立法中的地位极其重要,在立法工作中,如果忽略了排中律,制定出来的法律规范就不肯定、不明确,作为行为准则,便无所遵循。例如,我国 1975 年《宪法》对原来由国家主席行使的授勋、授予荣誉称号,颁发大赦令、特赦令、动员令和宣布战争状态等职权,既没有肯定,也没有否定,而是完全未加规定,因此人们不清楚这些职权应该由谁来行使,是任何机关都不能行使,还是任何机关都可以行使?我国 1975 年《宪法》规定的职责不明、分工不清、持回避的态度,这在逻辑上是违反排中律的。

(二)排中律在司法中的具体应用

排中律是司法过程公平、顺利完成的有效保障。司法人员在处理案件时,只有严格遵守排中律,才能按照法律的具体规定,做到有法必依,执法必严。以我国刑法为例,关于刑法适用的范围、关于犯罪的构成、关于罪与非罪的问题、关于刑罚的种类和量刑的轻重等问题,都做了明确具体的规定。在案件审理、定罪量刑时,必须严格准确地依照法律对被告人的行为做出明确的判断,或者是有罪,或者是无罪,或者是罪重,或者是罪轻,不能含糊其辞。在审讯中,禁止使用"复杂用语"(因为这些复杂用语暗含不当假定),例如,"你是否愿意老实交代你的犯罪经过?"这个讯问中,含被讯问者已经犯罪的不当假定。再如,"你是如何和某甲达成分赃协议的?"这个讯问中,含被讯问者已经和某甲达成分赃协议的不当假定。

在开展司法工作的过程中,排中律同样有着十分重要的应用。例如,在讯问过程中,有些被讯问人为了掩盖作案事实,回答问题时常常含糊其辞,对什么问题都不表态,甚至对互相矛盾的问题也不作回答。这时,询问者可以利用排中律,明确指出被讯问者的"两不可"行为,并要求被讯问人就某一矛盾的案件事实做出明确的回答。在复查、改判案件时,对应当明确回答的问题,诸如原被告人是否有罪、原判决是否有效、是否撤销原判等,既不作肯定回答,也不作否定回答,这显然是十分不妥当的。

第四节　充足理由律

一、充足理由律的基本内容和逻辑要求

充足理由律的基本内容可以表述为:在思维过程中,一个判断被断定为真,总是有充足理由的。这一逻辑规律可以简单表述为"A 真,因为 B 真,并且从 B 能推出 A",可用公式表示为

$$B \wedge (B \rightarrow A) \rightarrow A,$$

其中 A 代表在思维过程中被断定为真的那个判断,B 表示推出 A 的理由,$B \rightarrow A$ 表示理由 B 与推断 A 之间具有可推性的关系。例如,民主是要为经济基础服务的,因为民主属于上层建筑,而上层建筑是为经济基础服务的。"民主是要为经济基础服务的"就是这个论证中要被确定为真的判断,而后面两个判断是用来确定它

为真的理由。再如,惰性元素的原子很难同其他元素的原子结合为分子。其理由有两个,一方面,惰性元素的原子最外层的电子是饱和的;另一方面,因为惰性元素原子最外层的电子是饱和的,所以,这种原子很难同其他元素的原子结合为分子。这样,"惰性元素的原子很难同其他元素的原子结合为分子"就是一个有充足理由的判断。

充足理由律是逻辑基本规律之一,是人类思维论证性的科学概括。所谓思维的论证性即思维的有根据性。人类认识的目的是认识和把握真理,宣传真理和使更多的人接受真理。在认识和把握真理、宣传和使人接受真理的过程中,总要研究和回答某一思想为真的充足理由。如果没有充足理由,一个思想就不能被断定为真。

充足理由律表现为理由和推断的关系,由根据(理由)推出结论(推断)表现了思维的逻辑必然性。正确的思维是有论证性的思维。人们通常所说的"摆事实讲道理""以理服人""言之有理,持之有故"等都体现了充足理由律。

充足理由律的逻辑要求具体表现在两个方面,一方面是理由必须真实,而另一方面是理由必须充足,即理由和推断之间有逻辑的必然联系。这些要求对于一个正确的论证来说,都是不可缺少的。只有满足了这些要求,思维、论断才有论证性和说服力。例如以下几个具体实例:

(1)"因为我们是共产党员,所以,如果我们有缺点和错误,就不怕任何人的批评。"这句话中的理由不仅真实,而且理由与推断之间有逻辑上的必然联系,它们是充足理由,符合充足理由律的要求。

(2)"小李一定能够把工作做好,因为他虚心地接受了大家的批评,放下包袱,不要有精神负担,就一定能做好工作。"这句话中的理由"放下包袱,就能做好工作"不符合充足理由律的要求。因为"放下包袱"只是"做好工作"的必要条件。

(3)"因为他走路的样子很怪,所以,他一定不是好人。"这句话中的理由"走路样子怪"是真实的。但它不能成为一个人好坏的充足条件，理由与推断之间无必然联系，因而是不符合充足理由律的要求的。

二、违反充足理由律的逻辑错误

根据充足理由律的要求，违反充足理由律的逻辑错误主要有"无理由""理由虚假"和"推不出"三种。

（一）无理由

无理由并不是完全不给理由，而是好像是在给出理由。但这些"理由"其实并不是理由，它们与给出的论断之间不相干，或很少相干。例如，某酒厂老板说："97％的消费者对我们的产品都满意，因为每100位消费者中只有3位投诉该酒有质量问题。所以我们的酒是非常好的。"这里，3％的消费者投诉该酒存在质量问题，并不能说明没有投诉的消费者就对该酒质量感到满意，或者说，该酒就不存在质量问题。该统计数据与酒厂老板的结论是不相干的。

在论辩中，有些论证表面上都给出了理由，但并不能为自己的观点提供真实、充分的依据，表现为思想缺乏论证性，具体总结如下：

（1）诉诸个人。具体是指以对对手进行人身攻击来否定对手的观点。例如，"他的话怎么能信？他是犯过错误的呀！"这就无理由，因为一个人的观点、结论是否正确，与他个人的人品及过往行为并不存在直接的逻辑联系。

（2）诉诸感情。具体是指以煽动众人的感情来取代对某个观点的论证，也是常见的无理由。例如，"你们看到她那哀怨、绝望的眼神了吗？你们看到一个无助的灵魂了吗？这不就证明了一切吗！"这个论证不去陈述某个观点成立的理由，而是博取人们的同情、怜悯，哗众取宠。

（3）诉诸权威。具体是指以引用某个权威无关或很少相关、甚至是错误的言论来论证自己的观点，或反对某一观点。例如，"亚里士多德说的，你还不信？""我肯定是正确的，因为邓小平曾经这么说过。"诸如此类，引用权威人士的只言片语，甚至编造权威人士没说过的话，不是以理服人，而是以人（权威、名人）压人。

（4）诉诸无知。具体是指以无法断定某事不是如此来论证某事就是如此的方法。例如，"因为没有证据证明上帝不存在，所以上帝是存在的。""我相信鬼是存在的，不然那些怪事怎么解释？"等。

（二）理由虚假

所谓理由虚假，就是用作证明某个推断的理由不符合客观实际，或者是主观臆造的，或者与已被证明的科学原理相悖，即引用不真实的判断作为"理由"而发生的逻辑错误。

例如，甲、乙、丙三人是好朋友。一天，甲告诉乙、丙二人，他们单位的财会人员后天下午去银行提取本月工资款。乙即建议三人实施抢劫。两天后的下午三人按计划携带匕首，潜藏在甲单位财会人员路过的偏僻角落，待财会人员走近时，甲向乙、丙二人指认了财会人员后即离去，乙、丙二人便冲上前去，乘财会人员不备，将其三人携带的三个提包中的两个抢过来，然后迅速逃跑。财会人员立即报案，甲、乙、丙三人在逃跑中被警察抓获。后三人如实交代了犯罪事实。此案在一审法院审理时，法院认定三人犯抢劫罪，并给予重判。三人均不服一审判决，提起上诉。二审法院审理认为，三人虽计划实施抢劫，但实际作案时并未使用暴力或胁迫的方式，因此，不符合抢劫罪的构成条件，以抢夺罪予以改判。在这个案件中，一审法院的判决之所以错误，就在于判决的"理由虚假"，即认定事实虚假的错误，二审法院予以改判是完全正确的。

又如，某单位李某控告其邻居夏某在他值班时，半夜进入他家中，强奸了他12岁的小女儿，他的大女儿亲眼看见了夏某的所为。但夏某矢口否认,并认为这是李某对他的诬告陷害。经调查,李某控告夏某的那天夜里,阴雨连绵,通夜停电,在这样漆黑的夜里,李某的大女儿根本无法"亲眼看见"所谓的作案人夏某。于是办案人员断定,李某大女儿的陈述是不真实的,经过教育,李某的大女儿终于承认了所指控的事实是捏造的。这个案例中李某控告夏某犯了强奸幼女罪的指控是不能成立的,因为他的证据是虚假的。

再如,在中越自卫反击战之初,对于中国给予越南武装力量的回击,有些不友好的国家对越南武装力量对中国的挑衅活动置之不理,相反却发表所谓的声明说什么"有谁相信,一个六千万人口的国家会对一个人口超过十亿的国家挑起武装冲突?"后来中国的新华社给予强有力的驳斥:"历史上人口比中国少得多的沙皇俄国屡次侵犯中国不是事实吗? 难道在第二次世界大战期间不是人口比苏联少得多的希特勒德国向苏联发起了大规模进攻吗?"这寥寥数语揭穿了这份声明的"理由虚假"。

(三)推不出

所谓推不出,就是指作为推论理由的判断虽然是真实的,但与推论之间没有必然的联系,从理由的真推不出论断的真。例如,有某同学说:"这次考试我一定能通过。因为,我这次信心足,家里人也都鼓励我,支持我。"这句话中,从"信心足,家人支持、鼓励"是推不出"考试一定能通过"的。因为它们之间没有必然的联系,违反了充足理由律的要求,犯了推不出的逻辑错误。

推不出属于思维形式方面的错误。犯推不出的逻辑错误具体表现为以下五种:

(1)违反推理规则。所谓违反推理规则,具体是指在从理由推出结论的过程中,使用的推理形式不正确,理由和推断之间缺乏必然的逻辑联系而犯的推不出的错误。例如,"中国人是勤劳勇敢的,张三是中国人,所以,张三是勤劳勇敢的"。这个推论中的两个理由都是真实的,推理形式是一个无效的三段论推理,所以理由与推断之间缺乏必然的联系,犯了推不出的逻辑错误。

（2）片面理由。所谓片面理由,具体是指用个别枝节的偶然事实作理由。这些理由或许是真的,但由它推不出所要证明的论断。例如,"他书读得太多,所以思想复杂,进步也就慢了"。读书多,思想复杂怎能影响进步? 难道只有书读得少,思想简单,进步才快? 显然,从理由推不出结论。

（3）预期理由。所谓预期理由,具体是指赖以推出论断,证明论断的理由本身还是一些真假不定、有待证明的设想。例如,昆曲《十五贯》中的无锡知县过于执断定"苏戌娟是杀人凶手",其理由是:"看你艳若桃花,岂能无人勾引? 年少青春,岂能冷若冰霜? 你与奸夫情投意合,自然要生比翼双飞之意,父亲阻拦,因之杀父而盗其财,此乃人之常情。这案子就是不问,也已明白十之八九的了。"在这个案件的审理中,"与奸夫情投意合""杀其父而盗其财"完全是知县主观臆想出来的。

（4）表面理由。所谓表面理由,具体是指只抓住了一些表面现象,来证明自己的论断。例如,鲁迅先生在《内山完造作〈活中国的姿态〉序》中批评了某些日本人以某些表面现象作充足理由、随意下结论的坏风气,他举例说,一个旅行者走进下野的有钱的大官书斋,看见有许多很贵的砚石,便说中国是"文雅的国度";一个观察者到上海来一下,买几种猥亵的书和图画,再去寻寻奇怪的观览物事,便说中国是"色情的国度"。

（5）以人为据。所谓以人为据,具体是指根据对某人的态度而推断他的论断的正确与否。例如,"这是某某人的话,还能有错?"就犯了"以人为据"的错误,从这个理由推不出结论。

三、正确理解和应用充足理由律的保证

（一）确保理由的真实性

作为理由的命题必须符合客观实际,否则,不能作为理由,这

是由思维论证性的本质决定的。思维论证性的基础是科学性，与谬误、诡辩相排斥。当然，充足理由律并不能为人们提供真实理由，这是要由实践和具体科学来解决的。

（二）正确理解充足理由律与前三大基本规律的关系

作为逻辑思维的第四大基本规律，充足理由律与前三大逻辑思维基本规律存在着十分密切的关系，具体可以分如下两个方面说明：

（1）充足理由律是同一律、矛盾律与排中律的重要补充，它们所反映的都是正确、合理性思维的基本特征，它们的要求都是人们在实际思维中所必须遵守的理性原则。

（2）同一律、矛盾律与排中律是更基本的逻辑思维规律，违反这三大规律中的任何一条都必然违反充足理由律。因为如果思想不确定，自相矛盾，前后不一贯，那就根本谈不上思维的论证性。但是反过来，违反充足理由律却有可能并不违反三大规律中的任何一条。

四、充足理由律的具体应用

充足理由律的作用在于从根基上保证思维的确定性。正确的思维，不仅要具有确定性、首尾一贯性、明确性，而且还必须具有论证性。只有具有论证性的思维才是正确的思维，充足理由律正是正确思维的必要条件。如果说同一律、矛盾律与排中律回答的是"思想是什么"的问题，那么，充足理由律所回答的则是"思想为什么是这样的"问题。充足理由律对正确思维有着独立的意义，在人们的实际生活中有着十分广泛的应用，下面针对充足理由律在立法、司法以及科学研究中的具体应用展开讨论分析。

（一）充足理由律在立法中的具体应用

关于人类为什么需要法律，即为什么需要立法的问题，曾经引起无数学者的高度重视。英法等资产阶级启蒙学者们从人性恶的角度论证法律对人类的价值以及法律的产生。

霍布斯认为,人类和动物相比,主要的差别表现在以下几个方面:

(1)人类不断竞求荣誉和地位,由此会产生嫉妒和仇恨,最后发生战争。

(2)人类的快乐在于把自己和别人作比较,感到得意只是出人头地的事情。

(3)在人类之中有许多人认为自己比旁人聪明能干,可以更好地管理公众;于是便有些人力图朝一个方向改革,另一些人力图朝另一方向改革,因而使群体陷入纷乱和内战之中。

(4)人类有词语技巧,可以向别人把善说成恶、把恶说成善,并夸大或缩小明显的善恶程度,任意惑乱人心,捣乱和平。

(5)人类在最安闲的时候最喜欢显示自己的聪明,并且爱管国家当局者的行为。

(6)人类的协议只是根据信约而来,信约是人为的,为了保证这种信约巩固而持久地得到执行,就需要一种使大家畏服、并指导其行动以谋求共同利益的共同权力,即国家和法律。

孟德斯鸠认则为,人,作为一个"物理的存在物",受不变的规律的支配;作为"智能的存在物",不断地违背上帝所制定的规律,并且更改自己所制定的规律;作为"有局限性的存在物",不能免于无知与错误,甚至连自己微薄的知识也失掉了;作为"有感觉的动物",受千百种情欲的支配。但人生来就是要过社会生活的,而且他在社会里可能把其他的人忘掉。立法的任务就在于"通过政治的和民事的法律使他们尽他们的责任"。法律分为自然法和人为法。自然法就是社会建立以前的根本理性,它既表现为这个根本理性和各种存在物之间的关系,也是存在物彼此之间的关系,自然法就是人类在这样一种状态之下所接受的规律。自然法包括和平、寻找食物、相互之间经常存在着自然的爱慕,愿意过社会生活。人为法就是人类进入社会状态后彼此之间的约束机制。

因为人类一有了社会,便立即失掉自身软弱的感觉;存在于他们之间的平等消失了,于是战争的状态开始。

在霍布斯意义上,居于战争面前,每个人都有凭自己的愿望,做好任何事情的权利。于是,每一个个别的社会都感觉到自己的力量,这就产生了国与国间的战争状态。每一个社会中的个人开始感觉到自己的力量,他们企图将这个社会的主要利益掠夺来自己享受,这就产生了个人之间的战争状态。法律就是为适应对战争的约束而产生的:为了约束国与国之间的战争状态,产生了国际法(其任务在于:各国在和平的时候应当尽量谋求彼此福利的增进,在战争的时候应在不损害自己真正利益的范围内,尽量减少破坏);为了约束国家内部治者与被治者之间的战争状态,产生了政治法;为了约束国家内部公民间的战争状态,产生了民法。马克思主义从人的社会化需求出发,认为法律的目标是协调人们之间的对立和冲突,避免相互对立和冲突的人们之间公然性的同毁和灭亡行为,从而把这种对立和冲突保持在秩序的范围内。新制度经济学从博弈论的维度指出,法律、国家对于人是矛盾的二重状态:没有法律、国家,不能解决问题;有了法律、国家,又会产生问题,因为它们也是极权主义者。在这个意义上,法律为人类所需要。法律对人类社会生活的价值表现为既是必要的,又是充分的。这就是立法的根基,即充足的理由。

上述讨论充分显示了充足理由律在论证"人类社会为什么需要法律"这一问题中的重要应用。

(二)充足理由律在司法中的具体应用

立法的价值表现取决于司法的价值。亚里士多德主张的司法即法治,取决于两个关键性环节:"已成立的法律获得普遍的服从,而大家所服从的法律又应该本身是制定得良好的法律。"司法是对立法的忠实和践履,是用法律概念、法律条款对比法律事实、法律证据和用法律事实、法律证据适用法律概念、法律条款的过程。在这个过程中,充足理由律对司法有着特殊的意义。如案件的办理,办理案件以证据为基础,也以充足理由律为逻辑依据。从立案侦查到定罪判刑,步步都要有充分的证据。没有充分的证据,所做的结论便不成立。

司法工作中作为定罪判刑的充足理由,就是刑事诉讼中的证据。《中华人民共和国刑事诉讼法》第42条规定,证明案件真实情况的一切事实,都是证据。证据包括:物证、书证;证人证言;被害人陈述;犯罪嫌疑人、被告人供述和辩解;鉴定结论;勘验、检查笔录;视听资料。但这些个别的证据不能作为司法实践中的充足理由,因为司法工作中的充足理由有其特殊性,这就是个别证据一般不能作为定罪判刑的根据,它必须是全面的证据,包括犯罪的目的动机、犯罪的预备阶段、实施阶段以及事后表现的证据。个别证据只能证明个别事实,不能证明整个犯罪事实。例如,现场上发现某人的足迹,只能证明某人到过现场这一事实,不能证明他就是作案人,此其一;其二,证据必须与犯罪事实有客观联系,如果没有客观联系,就起不了证据的作用。

(三)充足理由律在科学研究中的具体应用

对于科学研究而言,充足理由律是论证性的基础,而论证性又是说服力的基础,只有具有论证性,科学理论才会具有无懈可击的真正的说服力。尽管科学理论可能一时不被某些人接受,但终究会被大多数人所承认。哥白尼的地球绕太阳旋转的理论、达尔文生物进化论,都是如此。

第三章　思维的细胞：概念

从思维形态上看，概念是思维的细胞，即思维的最小单位，是构成判断、推理的基础。人们以概念为起点构成判断，通过判断进行推理和论证得以完成一系列的思维活动。因而，概念点燃了人们的逻辑思维，也点燃了人们的智慧。本章就来讨论概念的主要内容，具体包括概念及其内涵与外延、概念的种类、概念之间的关系以及概念的逻辑方法（定义、划分、限制与概括）等。

第一节　概念概述

一、什么是概念

客观世界中的各个事物都有许多自身的性质，如形状、颜色、气味、动作、好坏、美丑、善恶等。除了自身的性质以外，各个事物还与另一些事物发生一定的关系。如天下、前后、上下、互助、战胜、侵犯等。我们把事物的性质及其相互间的关系，统称为事物的属性。

事物的属性可分为本质属性和非本质属性。所谓本质属性，就是决定一事物之所以为该事物并区别于其他事物的属性；而非本质属性，就是对该事物不具有决定意义的属性。例如，纸介质的书这一类事物，一般来说，每一本都是以纸张为原料、装订成册的印刷品；都是供人阅读，有一定的内容，传播一定知识文化信息；都有自己的形状、体积、重量等等。在这些属性中，具有决定意义的不是有形状、体积、重量等,而是由纸张装订成册,有一定的专门性文字、图片或其他内容,表达作者一定的思想与情感,供人阅读的印刷品,这些就是纸介质书的特有属性,即本质属性。至于形状、体积、重量等则是书的非特有属性。

人们认识事物的目的就是要把握事物的本质和规律,而认识事物的本质,必须先把事物的本质属性和非本质属性区别开来,再把事物的本质属性抽象出来,并用适当的词语表达出来,便成了概念。也就是说,概念是反映事物本质属性的思维形态。

二、概念的形成

唯物主义哲学理论告诉我们,概念的形成过程是人脑对感性认识材料进行加工的过程。由于客观事物反复多次作用于人的感觉器官,使得人们逐渐形成了对该事物的感觉、知觉、表象。人脑运用各种逻辑方法对这些感性认识成果进行不断的加工整理,特别是经过多次的抽象、概括,逐渐达到对该事物的深层认识,也就是对其特有属性的认识,同时借助语音表象把这种认识在头脑中确定下来,通过记忆使之得到巩固、加强,并取得社会的公认,于是便形成了对应于这一事物的概念。

按照当代思维学的观点,大脑神经系统有表象、思考两个功能。表象即感觉,也就是指视觉、听觉、嗅觉、味觉、触觉等感觉器官可以把相关刺激转化为各种感觉。思考即对信息(刺激)进行各式各样的区分、合并、排列、比较、选择等,是与感觉传导方向相反的一种心理作用。因此,根据这种观点,也可以认为概念的形成是大脑的思考功能与表象功能同时作用的结果。大脑的思考功能对认识对象(客体信息)不断进行加工,运用比较、分析、综合、抽象、概括等手段,逐渐达到对对象事物特有属性的理解,表象功能以语言形式将其存储和再现,变成指向性信息,由此而形成的这种承载着相应认识内容的形式就是概念。例如,汉字是表意文字,古人把汉字的造字方法归为"六书",其中象形、指事、会意、形声是不同的造字方法。通过分析古汉字的字形就可以发现,汉字的起源正说明了概念是借助语音表象确立在人们头脑中的对该事物本质属性的理解。

现实世界中的一切事物都是与本质属性密不可分的。本质属性都是属于一定的事物的本质属性,事物都是具有某些本质属性的事物。具有相同本质属性的事物就组成一类,具有不同本质属性的事物分别组成不同的类。例如,具有"掌握了计算机编程技术并以编写各类计算机程序为职业"属性的人就成了"程序员"这个类;具有"负责统筹管理经济社会秩序和国家公共资源,维护国家法律规定贯彻执行的公职人员"属性的人就形成"公务员"这个类。组成某一类的那些个别事物,叫作某类的分子。分子与类之间,有"属于"这种关系,即某分子属于某类。现代逻辑用符号"$a \in A$"来表示,其中"a"代表分子,"A"代表类,"$\in$"代表"属于"关系。人们头脑中的每一个概念都是反映某一类客观事物的特有属性的,而每一类客观事物所包括的单个具体对象又有可能是一个或多个,因此,人们头脑中所形成的相应的每一个概念都是一个类概念,其对应的同类单个具体对象便可能是一个或多个。我们把头脑中这个类所涵盖的每一个单个对象称作这个类的一个"类分子"。例如,"北京市"是一个类概念,这个类中只有北京这一个对象,即一个类分子;"中华人民共和国的直辖市"也是一个类概念,它的类分子数有四个,即北京、天津、上海、重庆;"城市"也是一个类概念,其类分子数有许多,涵盖了世界各地的各个城市。

三、概念的特征

通过上述对概念的意义及形成过程的讨论,可以发现概念一般具有如下特征:

(1)概念具有抽象性。所谓抽象,就是运用比较、分析、区分、排列等方法,将客体与其属性分离开来,将一属性与其他属性分离开来加以认识,从而最终达到对该事物类所具有的特有属性的认识的思维过程。概念具有抽象性,具体是说从概念反映的内容来看,与感性认识相比,它对于对象事物属性的认识不再是直观的、表面的,而是间接的、深入的,任何概念的形成都是多次抽象的结果。

(2)概念具有概括性。所谓概括,是指对于通过抽象从部分对象中得到的相关属性的认识经推理而推广到同类对象全体来加以认识的思维过程。概念具有概括性,具体是说从概念反映的内容来看,它对于事物的认识不再是单个的、具体的,而是对该类事物中全部单个对象共有的特有属性的认识,任何概念的形成都是多次概括的结果。

(3)概念具有确定性。由于概念的形成过程体现了人类对客观事物经长期实践由浅入深的认识过程,因此,概念一经建立,便具有较长期的稳定性,其形式不会轻易改变,人们对这一概念特有属性的认识也不会轻易改变。

(4)概念具有灵活性。由于概念的形成过程同时又是人们对客观事物多方面特有属性的不断深化的认识过程,且客观事物本身也处于发展变化之中,因此,由于认识深度及认识角度的不同,对于某个概念的特有属性,又可以从多方面加以说明,这就意味着概念同时又具有相对灵活性。例如,"水"这种物质从物理学角度来看是"无色、无臭、无味的透明液体",而从化学角度来看则是"两个氢原子和一个氧原子的化合物"。可见,从不同角度建立"水"的概念,其表述有所不同,概念具有灵活性的一面。

(5)概念具有主观性。概念是一种思维形式,无论它反映的是什么样的客观事物,都只能存在于人们头脑中,它只是人们对客观事物的认识,而不是事物本身。因此,概念具有主观性,属意识范畴。

(6)概念具有客观性。由于概念所涉及的思维内容是"对客观事物特有属性"的反映,归根结底,这种认识内容仍来自客观世界。因此,概念同时又具有客观性,它是主观性和客观性的统一。

四、概念与词语的关系

客观事物本身反映到人们头脑中形成概念，人们要表达概念则要依赖词语或词组。概念属思维的范畴，词或词组则属于语言的范畴，二者既有联系，又有区别。

（一）概念与词语的联系

概念和词语的联系主要表现为两大方面，一方面，词语是概念的语言表达形式；另一方面，概念是词语的思想内容。

人的思维离不开语言表达形式。概念作为思维的基本单位，同语言中的基本单位词语相对应。一方面，概念的产生和存在必须依附于词语，不依附于词语的赤裸裸的概念是没有的。概念是人们头脑中的思想，既看不见，也摸不着，要把这些思想传达给别人，进行交流，也必须借助有声有形的词语。因此，词语是概念的语言表达形式，概念离不开词语；另一方面，词语是表示事物的一些声音或符号，这些声音或符号之所以能够表示其他的事物，之所以具有实际的意义，就在于它表达了人们头脑中相应的概念，如果词语不表达概念，那就成了毫无意义的声音或符号。因此，概念是词语的思想内容，词语也离不开概念。

（二）概念与词语的区别

概念与表达其含义词语并非一一对应，二者之间又有本质的区别，具体表现在以下几个方面：

（1）概念和词语分别属于不同的范畴。概念是反映客观事物的思想，是认识的结果，具有全人类性。而词语是表达一些概念的声音或笔画，是民族习俗的产物，具有民族性。不同民族对同一概念的表达可以是相同的，但使用的词语却是不同的。例如，中国人与外国人对三角形的概念是相同的，但表达三角形的词语却是不同的，中国人用"三角形"，英国人用"Triangle"，德国人用

"Dreieck"。

（2）概念都是通过词语来表达的，但并非所有的词语都表达概念。一般来说，汉语词语可分为实词和虚词两大类。实词包括名词、形容词、代词、数量词等，都用来表达概念。如"山""河""商品""国家""民族""土地""树木""花草"等名词各表达一个实体概念；"高""大""忠诚""美丽""聪明""温柔""优秀"等形容词各表达一个属性概念；"个""十""百""千""万""亿""寸""尺""丈""仞""米""亩""光年"等数量词表达数量概念。虚词包括介词、连接词、感叹词等，主要是起语法作用，一般不表达概念，但其中连接词要表达概念。例如，"和""并且""或者""如果……那么……"等虽不表达实体概念，却表达事物和情况之间的关系，如并列关系、选择关系、条件关系等。表达概念的词可以是单独一个词，如"人""大"等单音节词和"人民""现代化"等多音节词；也可以是一个词组，如"伟大的人民""社会主义现代化"等；也可以是一个较复杂的短语，如"鲁迅是在文化战线上，代表全民族的大多数，向着敌人冲锋陷阵的最正确、最勇敢、最坚决、最忠诚、最热忱的空前的民族英雄。"这句话中，"在文化战线上……的民族英雄"部分就是一个较复杂的偏正短语，整个短语表达一个概念。

（3）同一个概念可以用不同的词语来表达。如"大夫"与"医生""自行车"与"脚踏车""土豆"与"马铃薯"等。其中每一组词语都是同义词，表达的是同一概念。

（4）同一词语可以表达不同的概念。事物是无限的，作为反映事物的概念也是无限的，但词语却是有限的。用有限的词语表达无限的概念，势必产生"一"与"多"的问题。如"逻辑"这个词语，既可以指事物的规律，又可以指思维规律，还可以指关于思维形态结构规律的学说，指观点等。

接下来讨论一个体现概念与词语之间的区别的滑稽故事，故事的具体内容如下：

蔡某是济南某医疗器械公司的推销员，有次去杭州出差，途经上海，由于想乘飞机前往，因怕经理不同意报销机票，便给经理

王某发了一封电报："在沪,现有机可乘,乘否?"王某接到电报,以
为是其推销医疗器械有成交之"机",便立即回电："可乘就乘。"蔡
某回来报销旅费时,王某以不够级别之由,不同意报销机票。于
是蔡某拿出王某回电,王某目瞪口呆,只好同意。

王某为什么目瞪口呆呢?因为他面对的是蔡某的机票和他
的回电"可乘就乘",此时的"乘"就是"乘飞机",这与他之前理解
的"乘"机会之意相去甚远。"有机可乘"中的"机"可理解为"机
会",也可理解为"飞机";"乘"可理解为"乘坐交通工具"之意,也
可理解为"利用条件"。可见,"机"和"乘"都是多义词,在不同的
语境中有不同的含义。此时,蔡某有意利用其推销员的身份,表
面上让王某把"有机可乘"理解为"抓住机会",实际上是隐藏着其
"乘坐飞机"的意图,最终达到其乘坐飞机的目的。可见,概念与
表达其含义的词语并非一一对应。

五、概念的内涵与外延

概念反映事物的本质属性,同时也反映具有这种属性的事物
的本身,这就形成了概念的内涵和外延两个方面,内涵和外延是
概念的两个重要的逻辑特征。

(一)概念内涵和外延的意义

所谓概念的内涵,具体是指反映在概念中的思维对象的特有
属性或本质属性。内涵反映的是事物质的方面,它表明概念所反
映的是什么性质的事物,通常也叫作概念的含义。任何概念都有
内涵,例如,"房屋"这一概念的内涵就是指"可以供人们居住的建
筑物";"正方形"这个概念的内涵是"四条边封闭的平面图形""四
个角都是直角"和"四条边相等";"商品"这一概念的内涵是"用于
交换的劳动产品""有价值和使用价值"等;由于事物的特有属性
或本质属性可以是一个或多个,所以概念的内涵有多有少。例
如,"四边形"的内涵只有一个,即"四边封闭的平面图形";"平行

四边形"的内涵有两个,即"四边封闭的平面图形"和"对边两两平行";"菱形"的内涵有三个,即"四边封闭的平面图形""对边两两平行"和"四条边都相等"。

所谓概念的外延,具体是指具有概念所反映的特有属性或本质属性的对象的范围。外延反映的是事物的量的方面,它表明概念所指的对象有哪些,通常也叫作概念的适用范围。任何概念都有外延。例如,"人民"这一概念的外延包括所有对社会历史发展起推动作用的阶级、阶层、社会集团;"商品"这一概念的外延包括古今中外一切用来交换的劳动产品,大到汽车飞机,小到笔墨纸张、针线鞋袜等;"三角形"的外延则包括直角、钝角、锐角等各种三角形。概念的外延有大有小,也就是所指范围的大小是不同的。例如:"人"的外延就比"中国人"的外延大,"大学生"的外延就比"学生"的外延小。

(二)概念内涵和外延的确定性和灵活性

内涵和外延都是确定性和灵活性的统一。所谓内涵和外延的确定性,具体是指在一定条件下,概念的含义和所指对象是确定的,不能任意改变或混淆不清;所谓内涵和外延的灵活性,具体是指在不同的条件下,随着客观事物的发展和人们认识的深化,概念的含义和所指对象是可以变化的。

例如,毛泽东同志在讲到"人民"和"敌人"这两个概念时说:"人民这个概念在不同的国家和各个国家的不同的历史时期,有着不同的内容。拿我国的情况来说,在抗日战争时期,一切抗日的阶级、阶层和社会集团都属于人民的范围,日本帝国主义、汉奸、亲日派都是人民的敌人。在解放战争时期,美帝国主义和它的走狗即官僚资产阶级、地主阶级以及代表这些阶级的国民党反动派,都是人民的敌人;一切反对这些敌人的阶级、阶层和社会集团,都属于人民的范围。在现阶段,在建设社会主义的时期,一切赞成、拥护和参加社会主义建设事业的阶级、阶层和社会集团,都属于人民的范围;一切反抗社会主义革命和敌视、破坏社会主义建设的社会势力和社会集团，都是人民的敌人。这说明，在不同的历史时期，"人民"和"敌人"这两个概念的内涵和外延是不同的；而在同一个历史时期，其内涵和外延又是确定的。

割裂概念的灵活性和确定性的关系是错误的。否定概念的灵活性，把概念僵化，是形而上学；否定概念的确定性，主观随意地改变概念的含义和适用对象，则是相对主义的诡辩论。

任何概念都有内涵和外延这两个方面。明确概念也就是要明确概念的内涵和外延。如果我们掌握了某一概念的内涵和外延，则说明我们对这个概念是明确的；如果没有掌握或没有完全掌握，则说明我们对这个概念不明确或不完全明确。因此，正确掌握概念的内涵和外延，对于我们正确理解和运用概念具有十分重要的意义。

接下来分析一个关于概念内涵与外延的灵活性方面的有趣实例。

在前些年热播的电视剧《东方朔》中有这么一个情节：汉武帝得知东方朔怕老婆之后，想给他出一个难题，便在东方朔结婚当日送去一个美女当作贺礼相赠。条件是：第一，不能当丫鬟使用；第二，不能转赠外人；第三，在家中的地位不能低于东方朔的新婚妻子。皇帝所赐，必须接受，这一时难住了有点花心的东方朔。汉武帝心想：送给东方朔一个美女做大老婆，定有一番热闹可瞧。正偷着乐时，却不料东方朔的新婚妻子秋姑十分爽快地答应了条件并接受了所赠美女。但她并没有把美女给东方朔做大老婆，而是立即送给自己的哥哥做老婆，汉武帝训斥其违背旨意。秋姑解释道："这完全符合这三个条件啊。第一，给我哥哥做老婆，绝不会当丫鬟使用；第二，哥哥是家里人，给哥哥做老婆当然就没有转赠给外人；第三，嫁给我哥哥之后就是我嫂子，在家中的地位自然比我高。"汉武帝无话可说，叹服其机智灵活，东方朔也释然于胸。

在这个故事中，无论是汉武帝还是东方朔，显然都是把包含这三个条件的对象指向将成为东方朔的又一位妻子。所以东方朔尴尬，汉武帝偷着乐。可是，没想到秋姑却将这美女转送其哥哥,还刚好都能满足这三个条件。含义没有变,适用对象却变了。这在逻辑上说,就是对概念的内涵和外延的灵活机智的思维活动。

(三)概念内涵与外延之间的反变关系

前文已经讨论过,逻辑学把具有相同属性的事物归为"类",把从属于"类"的每个具体事物叫作"分子",把一个"类"中包含的小类叫作"子类"。反映一类的概念外延较大,叫作属概念。反映"子类"的概念外延较小,称为种概念。例如,"人"和"女人"这两个概念中,"人"的外延大于"女人"的外延,"人"就是"女人"的属概念,"女人"就是"人"的种概念。属概念和种概念的区分是相对的。例如,"人"相对于"女人"是属概念,如果相对于"动物"就是种概念。"女人"相对于"人"是种概念,如果相对于"女教师"或"女明星"则是属概念。属概念和种概念之间的关系具有层次性。例如,"动物""人"都是"女人"的属概念,但二者相比,"人"的外延更接近"女人"。因此,我们称"人"是"女人"的邻近的属概念。称"女人"是"人"的邻近的种概念。

概念的内涵和外延是互相制约的。确定了某一概念的内涵,也就相应地确定了这一概念的外延;确定了某一概念的外延,也就相应地确定了这一概念的内涵。概念的内涵发生变化,其外延也会发生相应的变化;概念的外延发生变化,其内涵也会跟着发生变化。在内涵与外延的相互制约关系中,特别需要我们注意的是,在属概念和种概念之间存在的内涵与外延的反变关系,具体可以表述为:一个概念的内涵越多,它的外延就越小;一个概念的内涵越少,它的外延就越大;一个概念的外延越大,它的内涵就越少;一个概念的外延越小,它的内涵就越多。

例如,"平面图形""四边形""平行四边形"是3个具有属种关系的概念。从内涵方面看,"平面图形"这个概念的内涵是"绘制于同一平面的一切图形";"四边形"这个概念除了"平面图形"这个概念的内涵外,增加了"四条边封闭"这一属性;"平行四边形"

除了"四边形"这个概念的内涵外,又增加了"对边两两平行"这个属性。所以,从"平面图形"到"四边形",再到"平行四边形",这3个概念的内涵是越来越多。从外延方面看,"平面图形"这个概念除包括"四边形"以外,还包括其他所有的绘制于同一平面的图形;"四边形"这个概念除包括"平行四边形"外,也包括其他的四条边封闭的平面图形;"平行四边形"这一概念的外延则只包括对边两两平行的四边形。所以,从"平面图形"到"四边形"再到"平行四边形",这3个概念的外延是越来越小。如果换一个角度考察,按"平行四边形""四边形""平面图形"这个顺序来看,这3个概念的内涵是越来越少,相应地,它们的外延是越来越大。

概念内涵与外延之间的这种反变关系,是指同一属种系列的概念之间存在这种关系,并非任何两个概念之间都有这种关系。这种反变关系的客观依据包括两大方面,一方面,具有属种关系的两个概念所反映的两类事物之间,一类事物包含的分子越多,这类事物共有的本质属性就越少;另一方面,一类事物包含的分子越少,这类事物共有的本质属性就越多。这一规律性现象,是概念内涵与外延之间反变关系的客观基础。

第二节 概念的种类

为了更好地明确概念的内涵与外延,更好地使用概念,逻辑学根据概念内涵与外延的一般特征,把概念分成若干种类。但是必须注意将这种分类与概念的按具体内容分类加以区分。接下来,就来详细讨论概念的种类。

一、单独概念与普通概念

根据概念外延数量的不同,可以把概念分为单独概念和普遍概念。

单独概念就是以一个单独事物作为反映对象的概念。这种概念的外延反映的一类事物只包括一个分子。例如，"1949年10月1日""2008年8月1日""2016年9月4日"等，这些是表示时间的单独概念；"列宁""毛泽东""成吉思汗""吴承恩""司马迁"等，这些是表示人的单独概念；"纽约""上海""东京""首尔"等，这些是表示地点的单独概念；"太平天国运动""甲午中日战争""中华人民共和国成立""抗美援朝"等，这些概念外延都是独一无二的，也就是说这些概念的外延都是一个分子，因而都是单独概念。

从语言学上看，专有名词和摹状词都表达单独概念。此外，有些包含数目的序列或最高程度的概念，以及用包含指示词所表达的概念，也是单独概念。例如，"美国第一任总统""世界最高的山脉""《狂人日记》的作者""正在主席台上发言的那个人"等。

普遍概念是以两个或两个以上的事物作为反映对象的概念。普遍概念的外延包含的分子不止一个，而是由两个或两个以上分子组成的一类事物，例如，"商品""国家""法律""公司""星系""整数""奇数""偶数"等。这些概念所反映的对象都不是单一的，而是由许多性质相同的事物组成的一个类，这种表示一类事物的概念就叫作普遍概念。

普遍概念的外延，不仅包括它所反映的这类事物过去和现在已经出现的分子，也包括这类事物将来出现的分子。它所反映的这类事物的分子，少到可以只包括两个，多到可以包括无数个。根据概念外延包括分子的多少，可分为有限外延概念和无限外延概念。例如，"《共产党宣言》的作者""太阳系的行星""国家"等，含有有限多个分子，属于有限外延概念；"基本粒子""整数""奇数""偶数"等，含有无限多个分子，属于无限外延概念。有限外延概念中还可以进一步分为可精确计数的和不能精确计数的。

词语中的普遍名词是表示普遍概念的，如"植物""飞机""方法""思想"等。动词和形容词往往也表达普遍概念，因为它们是对某一类事物的状态或性质的概括，如"跑""跳""红""聪明""漂亮"等。普遍概念也可以用词组来表达，例如，"美国的城市""欧洲的国家""日本的公司""中国的企业家"等。

此外，还有一种外延为零的概念，叫空概念。空概念反映的对象在客观世界中是一个空类，即只是在人们头脑中存在，现实中一个分子也没有。空概念可分为两种情况，一种是虚假概念，如"神仙""鬼怪""妖精""永动机"等，这些是对客观事物的歪曲反映；另一种是假设概念，如"理想气体""UFO"等。假设概念被证实后可变为真实概念。逻辑学不研究空概念，但空概念在人们的日常思维中意义非常重大，例如在科学幻想、科学假设、想象等思维过程中就需要有空概念。

二、集合概念与非集合概念

类与集合是不同的。一个类是由许多事物组成的。属于一个类的任何分子，都具有这类事物的本质属性。例如"刘备""诸葛亮""爱因斯坦"等，都具有人这个类的本质底性。但是，一个集合体，却是由许多事物作为部分有机地组成的。一个集合体的部分却不必具有这个集合体的本质属性。例如，"森林"是一个集合体，它通常指以乔木为主体、大片生长的林木、由树木和其他植物、野生动物、微生物构成的生物群落。林木仅仅是森林集合体中的有机组成部分。因此，树木不具有森林的本质属性。根据概念所反映的事物是否为集合体，可以把概念分为集合概念和非集合概念。

集合概念是以集合体作为反映对象的概念。集合体是由具有某种联系的许多事物构成的有机整体。集合体所具有的属性，只为该集合体所具有，而构成该集合体的每一个个体不一定都具有，而个体所具有的属性，集合体也不一定具有。集合体和构成集合体的个体之间是整体和部分的关系，而不是一般与个别的关系。例如，"新中产阶级"是由一个个收入水平较高的个人组成的集合体，新中产阶级具有创新能力强、法律意识强、组织管理能力强、社会活动能力强等特点，但新中产阶级中某一个具体的人则不一定具有这些特点。

根据外延数量的不同,集合概念也可以分为两种,一种是外延包含两个或两个以上集合体的,叫普遍集合概念,如"森林""共产党"等;另一种是外延中只包含一个集合体的,叫单独集合概念,如"大兴安岭森林""中国共产党"等。

非集合概念是以非集合体作为反映对象的概念。非集合概念是相对集合概念来说的,凡不属于反映集合体的概念都是非集合概念。例如,"树""动物""学校""教师"等,反映的都不是集合体,而是一类事物,因而都是非集合概念。

从词语的角度看,同一个词语,在不同的语言环境中表达的概念有时也是不同的。它有时可以表达一个集合概念,有时也可以表达一个非集合概念。例如,在"中国人是勤劳勇敢的"和"张三是中国人"这两个句子中,"中国人"表达的概念就不同。在前一个句子中,"中国人"是集合概念,即指所有的中国人。在后一个句子中,"中国人"是非集合概念,张三仅仅是中国人中的一分子而已。所以,一个词语所表达的究竟是集合概念还是非集合概念,常常需要根据具体的语言环境来判断。"人"在通常情况下,是非集合的概念。但是,在"人是由猿进化而来的"句子中,"人"则成了集合的概念。

要正确认识集合概念和非集合概念,必须认识集合概念和作为非集合概念的普遍概念之间的区别。这种区别可以从以下三个方面来把握:

(1)从内涵上区别。集合概念反映的对象是集合体,集合体由许多个别事物构成,其本质是由各部分构成为一个总体后才产生的。集合体具有的属性,构成集合体的每一个个体不一定具有。普遍概念反映的对象是类。类由许多分子组成,其本质属性是从它的各个分子的本质属性中概括出来的。类所具有的本质属性,组成这个类的每一个分子都具有。

(2)从外延上区别。集合概念的外延是集合体,而不包括构成集合体的每个个体。普遍概念的外延是指组成这类事物的各个分子。

（3）从关系上区别。集合概念所反映的集合体同构成它的个体之间是整体与部分的关系，而不具有属与种的关系。普遍概念所反映的类与组成类的分子之间，是属与种的关系，也可以叫作包含关系。

三、实体概念与属性概念

根据概念外延所指的对象究竟是具体事物还是事物的属性，可以把概念分为实体概念和属性概念。

实体概念又称具体概念或对象概念等，是外延指向具体事物的概念。例如，"黄河""大学""国家""城市""大厦""飞机"等，都是实体概念。属性概念又称抽象概念，是其外延指向事物的属性的概念。例如，"忠诚""勇敢""温柔""红色""好""坏""多""少"等，都是属性概念。

在实际思维和语言表达中，实体概念多借助于名词、代词来表达。属性概念多借助于形容词、不及物动词、数词来表达。但是，实体概念和属性概念不能通用，如果混淆就会造成错误。例如，"他是个官僚主义"，这话就不对，因为"官僚主义"是一个属性概念，他只能具有这个属性，而不能就是这个属性，所以只能说："他是一个官僚主义者。"；同样地，诸如"他需要吃营养""他是一个忠诚老实""他们是友谊"之类的说法也不正确，而只能说："他需要吃营养品""他是一个忠诚老实的人""他们是朋友"。

四、正概念与负概念

根据概念所反映的对象是否具有某属性，可将全部概念分为正概念和负概念。

正概念又称肯定概念，它是反映对象具有某属性的概念。例如"专业""美丽""漂亮""温和""中国古典文学""侵略战争""北京""农业人口""有理数""生产性开支"等,都属于正概念(肯定概念)。负概念又称否定概念,它是反映对象不具有某属性的概念,如"无心""无信""不专业""非师范院校""非侵略战争""非北京""非农业人口""非生产性开支"等,都属于负概念(否定概念)。

从语言表达形式上看,负概念(否定概念)一般都带有否定词"无""不""非"等,但并非带有这类字眼的词语都表达负概念,关键要看这些语素在构词中是否还具有否定意义。如"非洲""否极泰来"等,就不属于否定概念。另外,有的专有名词所表达的概念也不能视为负概念(否定概念),例如"不锈钢",因不存在与之意义相反的概念"锈钢",所以其是一个正概念(肯定概念)。

正概念和负定概念总是相对应的,两者外延的和是一个范围更大的、直接包含它们的外延的概念,即它们的属概念,而负概念总是相对于这个属概念即某个特定范围而言的。这个范围就是这个否定概念的"论域"。例如,"非团员"是指除团员以外的其他一切青年人,它的论域是青年。同样的道理,"非金属元素"的论域是元素,"非正常状态"的论域是状态。

另外,负概念是"反映对象不具有某种属性的概念",这和概念的定义"概念是反映对象特有属性的思维形式"是不矛盾的。因为"不具有某种属性"正是负概念所反映的对象的特有属性。

第三节　概念间的关系

客观事物之间的关系是复杂多样的,反映客观事物本质属性的概念之间的关系也必然是复杂多样的。逻辑学不研究概念之间的具体关系,这些具体关系是各门具体科学的研究内容。但是,在任何两类事物之间,都有一种最普遍的关系,这就是同异关系。这种同异关系表现在概念中,就是概念外延之间的同异关系。逻辑学研究概念之间的关系,也就是研究两个相关概念外延之间的同异关系。概念外延之间的关系主要有五种,即全同关系、真包含关系、真包含于关系、交叉关系和全异关系。欧拉图是瑞士数学家欧拉(Leonhard Euler)为研究概念间的关系而创制的一种圆圈图形,借助欧拉图可以对概念外延间的关系做直观的解释。

一、全同关系

概念间的全同关系是指两个概念的外延完全重合的关系,又称同一关系。设 a 和 b 为两个概念,如果 a 的全部外延正好是 b 的全部外延,那么 a 和 b 具有全同关系。例如：

①等边三角形(a)与等角三角形(b)。

②法院(a)与国家审判机关(b)。

③杭州(b)与中国浙江省的省会(b)。

④鲁迅(a)与《狂人日记》的作者(b)。

在上述四对概念中,概念 a 与概念 b 的外延完全相同,它们之间具有全同关系。两概念间的全同关系可以用欧拉图直观地表示,如图 3-1 所示。

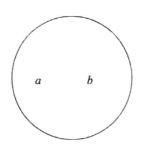

图 3-1 两概念间的全同关系

具有全同关系的两个概念是两个不同的概念。虽然外延是完全相同的,但其内涵是不完全相同的,这是因为它们是从不同方面对同一对象的反映。例如,"杭州"与"中国浙江省的省会"是两个具有全同关系的概念,他们的外延完全相同,但内涵不同。"杭州"是通过地理位置、自然条件、人口和历史形成等特点反映其本质属性;"中国浙江省的省会"则是通过中国政治、经济、文化的中心,中央政府所在地等特点来反映其本质属性的。如果两个概念不仅外延完全相同,而且内涵也完全相同,那就不是具有全同关系的两个概念,而是用不同的词语表达的同一个概念了。例如,"土豆"和"马铃薯","狗"和"犬","老婆"和"妻子",它们不仅外延相同,内涵也相同。所以,它们不是全同关系的概念,而是不同词语表达的同一个概念。

在实际应用中,具有同一关系的概念不仅可以放在一起并列使用,而且可以构成"主谓式"的句式,用一个概念来说明和解释另一个概念。例如,"杭州是中国浙江省的省会",在这个判断中,主项和谓项都是具有同一关系的概念。由于它们的外延相同,所以,可以用一个概念来解释说明另一个概念。

另外,在实际运用中,具有全同关系的概念可以互换使用,这样有助于人们从不同方面揭示出同一对象的多种属性,同时也可避免词语的简单重复,使语言表达更加生动活泼。例如,《在马克思墓前的讲话》中的一段话:"3月14日下午两点一刻,当代最伟大的思想家停止思想了,这位巨人逝世以后形成的空白,在不久的将来就会使人感觉到。正像达尔文发现有机界的发展规律一样,马克思发现了人类历史的发展规律。这位科学巨匠就是这样……"在这段话中,"当代最伟大的思想家""这位巨人""马克思""这位科学巨匠"等词语表达的是全同关系的概念,这有助于人们从不同方面深刻认识马克思伟大的一生。

二、真包含关系

真包含关系又叫包含关系,是指一个概念的部分外延与另一概念的全部外延相同的关系。设 a 和 b 是两个概念,如果所有的 b 都是 a,但是有的 a 不是 b,那么 a 和 b 之间的关系就是真包含关系。例如:

①动物(a)与马(b)。

②阶级(a)与工人阶级(b)。

③国家(a)与亚洲国家(b)。

④文学(a)古典文学(b)。

在上述几个实例中，概念 a 的外延大，而概念 b 的外延小；概念 a 的外延包括了概念 b 的全部外延，概念 a 对概念 b 的关系就是真包含关系。两个概念之间的真包含关系可以用欧拉图表示，如图 3-2 所示。

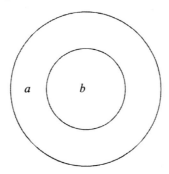

图 3-2　两个概念之间的真包含关系

三、真包含于关系

真包含于关系也叫被包含关系，是指一个概念的全部外延与另一个概念的部分外延相同的关系。设 a 和 b 是两个概念，如果所有的 a 都是 b，但是有的 b 不都是 a，那么 a 与 b 之间的关系就是真包含于关系。例如：

①马(a)与动物(b)。

②高等院校(a)与学校(b)。

③行星(a)与星球(b)。

④大学生(a)与学生(b)。

在上述几个实例中，概念 a 的外延小，而概念 b 的外延大，并且概念 b 的外延包括了概念 a 的外延，概念 a 对概念 b 的关系就是真包含于关系。两个概念之间的真包含于关系可用欧拉图表示,如图 3-3 所示。

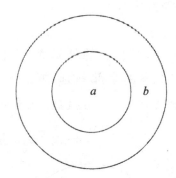

图 3-3 两个概念之间的真包含于关系

真包含关系和真包含于关系都表现为一个概念的外延包含另一个概念的外延。外延较大的概念是属概念,外延较小的概念是种概念。逻辑学把外延较大的属概念对于外延较小的种概念的关系(即真包含关系)叫作属种关系,把外延较小的种概念对于外延较大的属概念的关系(即真包含于关系)叫作种属关系。使用属种关系或种属关系概念需要注意以下几点:

(1)明确属种关系概念在内涵方面的联系。种概念必然具有属概念的内涵。例如,文学作品的内涵是"用语言文字形象化地反映社会生活的艺术",那么小说作为文学作品的种概念,必然也具有这个内涵。

(2)属种关系概念具有相对性。种概念与属概念只是相对而言的,并非固定不变的。例如,小说对于文学作品来说是种概念,但对于长篇小说来说却成了属概念。

(3)正确区分属种关系与非属种关系。分清属种关系和整体与部分的关系。例如,"语言"与"汉语"是属种关系,而"北京市"与"海淀区"则是整体与部分的关系。两者的根本区别在于:若概念 a 和 b 是属种关系,则种概念 b 必然具有属概念 a 的内涵;若概念 a 和 b 是整体与部分的关系,则部分必然不具有整体的内涵。要想正确区分这两种关系,可以运用检查"b 是 a"的说法成立与否来加以断定。成立,则 a 和 b 是属种关系;不成立,则 a 和 b 不是属种关系。例如，"西红柿是蔬菜"的说法成立，则蔬菜与西红柿是属种关系；"海淀区是北京市"的说法不成立，则北京市与海淀区不是属种关系。事实上，从事物之间的联系来看，它们是整体与部分的关系，海淀区是北京市的组成部分。从这两个概念各自的内涵来看，海淀区不具有北京市的内涵；从这两个概念外延之间的关系来看，它们是互不相容的关系。

四、交叉关系

所谓交叉关系，具体是指一个概念的部分外延与另一个概念的部分外延相同。设 a 和 b 是两个概念，如果有的 a 是 b，有的 a 不是 b，并且有的 b 是 a，有的 b 不是 a，那么，a 和 b 之间的关系就是交叉关系，具有交叉关系的两个概念叫交叉概念。例如：

①团员（a）与大学生（b）。
②女青年（a）与团员（b）。
③管理干部（a）与科技人员（b）。
④畅销食品（a）与高档食品（b）。

在上述几个实例中，每对概念之间有一部分外延是相同的，也有部分外延是不相同的，它们之间都是交叉关系。两个交叉概念之间的关系可以用欧拉图表示，如图 3-4 所示。

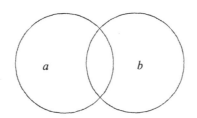

图 3-4 两个概念之间的交叉关系

具有交叉关系的两个概念反映的是两类不同的对象，其内涵是不相同的，但其中有的对象既有这类对象的本质属性，又有那一类对象的本质属性，因而它既属于这一类，又属于哪一类。

使用交叉概念时应注意,交叉概念之间的关系是相容的,可以说"有的 a 是 b",也可以说"有的 b 是 a",但不能把交叉概念当作全同关系、从属关系或不相容关系的概念来使用。另外,交叉概念在语言表达中一般不宜并列使用。但是为了突出强调这两部分对象,有时候也常常根据约定俗成,把它们并列使用。

五、全异关系

所谓全异关系,具体是指两个概念的外延完全不同的关系。设 a 和 b 是两个概念,如果所有的 a 都不是 b,那么,a 和 b 之间的关系就是全异关系。例如:

①有理数(a)与无理数(b)。

②农业人口(a)与非农业人口(b)。

③物理变化(a)与非物理变化(b)。

在上述几个实例中,概念 a 和 b 的外延中没有一个相同的对象,因此,它们之间的关系是全异关系。两个概念之间的全异关系可以用欧拉图表示,如图 3-5 所示。

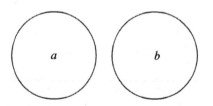

图 3-5　两个概念之间的全异关系

对于具有全异关系的两个概念,可以进一步将它们之间关系划分为矛盾关系和反对关系来研究。

(一)矛盾关系

所谓矛盾关系,具体是指同一属概念下的两个具有全异关系的种概念,如果其外延之和等于属概念的全部外延,则这两个概念的关系是矛盾关系。设 a 和 b 是具有全异关系的两个概念,它们都包含于同一属概念 c，如果它们的外延之和等于概念 c 的全部外延，那么，a 和 b 之间的关系就是矛盾关系，具有矛盾关系的两个概念叫作矛盾概念。例如：

①正义战争(a)与非正义战争(b)。

②军人(a)与非军人(b)。

③男人(a)与女人(b)。

④有理数(a)与无理数(b)。

在上述几个实例中，每对概念之间都是矛盾关系。两个概念之间的矛盾关系可以用欧拉图表示，如图 3-6 所示。

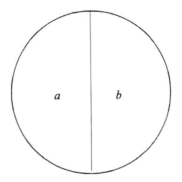

图 3-6　两个概念之间的矛盾关系

一般来说，具有矛盾关系的两个概念，一个是正概念，一个是负概念。例如，"正义战争"与"非正义战争"，"成年人"与"未成年人"，"军人"与"非军人"等。但在有的时候，两个具有矛盾关系的概念都是正概念。例如，"男人"与"女人"，"唯物主义""唯心主义""物质文明"与"精神文明"等。总的来说，矛盾概念的特点就是，在一个属概念下，两个具有矛盾关系的概念是仅有的两个概念，没有其他种概念与其并列。

（二）反对关系

所谓反对关系，具体是指同一属概念下的两个具有全异关系的种概念，如果其外延之和小于属概念的全部外延，则这两个概念间的关系是反对关系。设 a 和 b 是具有全异关系的两个概念，它们都包含于同一属概念 c,如果它们的外延之和小于概念 c 的全部外延,那么,a 和 b 之间的关系就是反对关系,具有反对关系的两个概念叫作反对概念。例如:

①无产阶级(a)与资产阶级(b)。

②名词(a)与动词(b)。

③正数(a)与负数(b)。

④进步(a)与落后(b)。

在上述几个实例中,每对概念之间的关系都是反对关系。两个概念之间的反对关系可以用欧拉图表示,如图 3-7 所示。

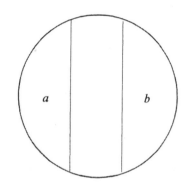

图 3-7　两个概念之间的反对关系

反对概念与矛盾概念具有一些共同点。首先,它们都分别是同一个属概念下的种概念;其次,它们的外延都是彼此互相排斥,是全异关系。但是反对概念与矛盾概念也有一些不同点。两个矛盾概念外延之和等于邻近的属概念的外延,即有关系

$$a+b=c;$$

两个反对概念外延之和小于邻近的属概念的外延,即有关系

$$a+b<c。$$

也就是说,矛盾概念和反对概念的区别只是一字之差,一个"等于",一个"小于",这一字之差,却表现了两种不同的关系。从另一个角度也可以理解为,两个矛盾概念之外没有第三者,两个反对概念之外有第三者。

在实际应用中,正确区分和合理使用矛盾概念和反对概念是

很重要的。例如，在推理时，矛盾概念可以进行非此即彼的推理，而反对概念则不能做这种推理；在语言应用中，矛盾概念和反对概念的使用，可以使人们在鲜明的对比中认识事物和区分事物，收到好的表达效果。

六、三个或三个以上概念间的关系

以上所分析的两个概念间的五种基本关系又可以分为相容关系和不相容关系两类。所谓相容关系，具体是指 a 和 b 两个概念至少有部分外延是重合的。全同关系、真包含关系、真包含于关系和交叉关系均属于相容关系。所谓不相容关系，具体是指 a 和 b 两个概念的外延之间没有任何重合的部分，全异关系就是不相容关系。在实际研究和科学应用中，人们还经常会遇到三个或三个以上的概念之间的关系问题。对此，这里主要分析相容并列关系和不相容并列关系这样两种情况：

（1）相容并列关系。相容并列关系是指三个或三个以上互有交叉关系的概念间的关系。其中任何两个概念之间的关系，都是交叉关系。设有 a,b,c 三个概念，如果 a 与 b、b 与 c、c 与 a 之间都是交叉关系，那么这三个概念就是相容并列关系。例如，母亲、模范、法官这三个概念，就是三个相容并列关系的概念。相容并列关系实际上是在同属概念下的种与种的相互包含的关系。三个概念之间的相容并列关系可以用欧拉图表示，如图 3-8 所示。

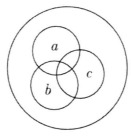

图 3-8 三个概念之间的相容并列关系

（2）不相容并列关系。不相容并列关系是指三个以上外延完全不重合的概念间的关系。其中任何两个概念之间的关系,都是全异关系。设有 a,b,c 三个概念,如果 a 与 b、b 与 c、c 与 a 之间都是全异关系,那么这三个概念就是不相容并列关系。例如,小学生、中学生、大学生,就是三个不相容并列关系的概念。不相容并列关系实际上是在同属概念下的种与种的相互排斥的关系。三个概念之间的不相容并列关系可以用欧拉图表示,如图 3-9 所示。

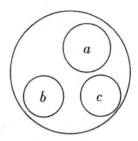

图 3-9　三个概念之间的不相容并列关系

第四节　概念的限制与概括

前文已经讨论了概念内涵与外延之间的反变关系,限制和概括正是依据同一属种系列概念内涵和外延之间的反变关系来明确概念的两种逻辑方法。

一、概念的限制与概括的依据

根据前述内涵与外延的反变关系可知,一个概念的外延愈大则它的内涵愈少,一个概念的外延愈小则它的内涵愈多;反之,一个概念的内涵愈少则它的外延愈大,一个概念的内涵愈多则它的外延愈小。根据这一结论,"人""学生""大学生"这三个概念内涵与外延的关系可以表示为如图 3-10 和图 3-11 所示的结果。

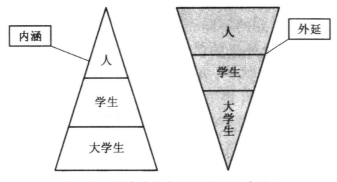

图 3-10　概念内涵与外延关系示意图 1

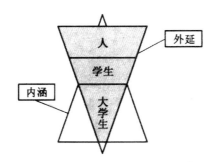

图 3-11　概念内涵与外延关系示意图 2

通过图 3-10 和图 3-11 所示的分析结果，可以更加清晰地意识到，根据概念内涵和外延的这种反变关系，可以进一步地缩小概念的外延或扩大概念的外延，以使概念明确。缩小概念的外延称作概念的限制，扩大概念的外延称作概念的概括。

二、概念的限制

通过增加概念的内涵从而缩小概念外延来明确概念的逻辑方法叫作概念限制。换句话说，概念限制也就是由一个外延较大的概念过渡到一个外延较小的概念的方法，它是一种概念的推演。例如，对"建筑"增加"民用的"这一属性，就把"建筑"限制为"民用建筑"；接着又对"民用建筑"增加"城市的"这一属性，就把

"民用建筑"限制为"城市民用建筑"。这样,从"建筑"到"民用建筑",又从"民用建筑"到"城市民用建筑",概念的内涵逐渐增加,而概念的外延则逐渐缩小,这就是对概念进行限制。

对任何一个普遍概念都可以进行限制,这种限制可以是一次限制,也可以是连续限制。一次限制是思维活动一次性地由一个外延较大的概念过渡到一个外延较小的概念的限制。例如,"调整领导班子,应该把有才干的人选到领导岗位上来,特别应该把那些有杰出才干的人选到重要的领导岗位上来"。这里,从"有才干的人"到"有杰出才干的人",从"领导岗位"到"重要领导岗位",就是概念的一次限制。连续限制是两次以上的限制,即在由一个外延较大的属概念过渡到一个外延较小的种概念后,再对这个种概念进行限制,从而过渡到外延更小的种概念,直到满足需要为止。例如,"我们反对战争,但并不是反对一切战争,而是反对那些非正义战争,特别是反对帝国主义的侵略战争。"

在使用概念限制时,必须注意以下几点:

(1)被限制概念同经过限制后的概念之间必须是属种关系。这就是说,非属种关系的概念间不能进行限制,无论是具有全异关系还是具有同一关系或交叉关系的概念,都不能进行限制。例如,"市政府"与"区政府","工厂"与"车间","书籍"与"工具书","老虎"与"凶猛的老虎"等,后者对于前者都不是限制。

(2)单独概念不能限制。限制的目的是使概念外延缩小以便更明确概念的本质。但是从逻辑视角看,单独概念是限制的极限,已无法再缩小,因此不能限制。如"鲁迅"与"文学家鲁迅","李白"与"青年时期的李白","天安门"与"雄伟的天安门"等,后者对于前者都不是限制。

(3)限制语要恰当。限制的语言形式可以是增加限制词,也可以是改变中心词,但都要求使用的词语恰如其分。随意限制、多余限制或容易引起歧义的限制都是不恰当的。例如,"重要的关键""坏毛病",以及像"一个工人画家的画展开幕了"中"一个工人画家的画展"这样易引起歧义的限制都是不恰当的。当然,如果限制语使用得当,也可以增加语言的魅力,取得良好的效果。

在理论与实践应用中,概念限制的作用主要表现为以下三点:

(1)概念限制有助于人们对事物的认识从一般过渡到特殊,使认识具体化。当人们对事物的认识不满足一般的认识而需要具体化时,常常用限制的方法。例如,毛泽东同志在《中国革命战争的战略问题》一文中说:"我们不但要研究一般战争的规律,还要研究特殊的革命战争的规律,还要研究更加特殊的中国革命战争的规律。"在这里,毛泽东同志把"战争的规律"限制为"革命战争的规律",再限制为"中国革命战争的规律",这样就使人们对战争规律的认识从一般过渡到特殊,不断地具体和深化。

(2)概念限制有助于恰如其分地反映实际情况,严密地表达思想。例如,"爱迪生发明了灯"这句话就不准确,应把"灯"限制为"电灯";"我们反对一切战争"这句话对"战争"未加限制,不正确,如果限制为"我们反对一切非正义战争",这就正确了。

(3)在日常生活和工作中,概念限制可以帮助人们明确限制事物的范围。例如,在评选先进代表时,如果名额有限,就可以增加评选条件,使符合条件的对象逐渐减少,最后选出适合的人选;公安人员在侦破案件时,根据线索逐渐缩小侦破范围,直到最后抓住罪犯;人们购买商品时逐渐缩小选择范围,最后选中自己满意的商品。总之,限制是人们日常生活和工作中广泛运用的一种逻辑方法。

三、概念的概括

通过减少概念的内涵以扩大概念的外延来明确概念的逻辑方法叫作概念的概括。换句话说,概念的概括是由一个外延较小的概念过渡到一个外延较大的概念的方法,它同样也是一种概念的推演。例如,亚里士多德阐述德性时指出:"德性有两种:理智的和道德的。理智的德性,是由于训练而产生和增长的(所以必需时间和经验);道德的德性则是习惯的结果。"由此,如果对"道德的德性"(或"理智的德性")减去"道德的"(或理智的)这一特殊属性,就可以把"道德的德性"(或"理智的德性")这一概念概括为它的属概念"德性"。这样,从"道德的德性"(或"理智的德性")到"德性",概念的内涵逐渐减少,而概念的外延则逐渐扩大。这就是对概念进行概括。

对于任何一个外延较小的概念,包括单独概念,都可以进行概括。这种概括既可以是一次概括,也可以是连续概括。例如,"他是北京大学的学生,是高校的大学生",是一次概括。再如,"赵州桥,石拱桥,桥",就是连续概括。概括的极限是一些具有最大概括性的哲学范畴,如"存在""物质"等。

在使用概念的概括时,必须注意以下几点:

(1)经过概括后所得到的概念同被概括的概念必须是属种关系。由于概括是由一个外延较小的概念过渡到一个外延较大的概念,因此经过概括后所得到的概念同被概括的概念必须是属种关系。例如,"数学教材"可概括为"教材",但"市政府"不能概括为"省政府"。原因是"省政府"与"市政府"是对立关系,而不是属种关系。

(2)连续概括不能是无限的。对于一个外延较小的概念可以连续进行概括,但最终要概括到什么程度,这要根据实践的需要来确定,不必要也不可能无止境地概括下去,应该说概括到"范畴"也就达到了极限。因为"范畴"是一定领域的最大的属概念,不可能再继续概括了。例如,对电视机进行连续概括:电视机—电器—电子工业产品—工业产品—产品—实体—物质—范畴。

(3)概括时应注意程度。对一个概念进行概括是出于实践的需要,因此经一定的概括后达到能够说明问题的目的就可以了,不能为了概括而不顾现实地无限上纲,胡乱概括。例如,考试作弊的行为—违反校规校纪的行为—破坏教学秩序的行为。这里,第一次概括还是可以的,指出了这种错误行为的性质,有利于提高人们的认识,但第二次概括已违反规则,不能这样概括。

在理论与实践应用中,概念概括的作用主要表现为以下三点:

(1)概念的概括有助于人们的认识由特殊上升到一般,更深刻地把握事物的本质。当人们需要把对具体问题的认识提到一般原则的高度,需要深入掌握事物本质和规律时,常常用概括的方法。例如,《晏子春秋》中讲述了这样一个故事:春秋时期,齐景公的一条猎狗死了,他命令宫外的臣子出钱给它买一口棺材,宫里出钱给它举行祭礼。晏子听说了,就去劝解。齐景公说:"这是件小事,不过是为了和身边的人取笑罢了。"晏子说:"您错了。过度收取赋税却不返还给百姓,浪费钱财不过为了使身边的人高兴,对小民的忧患视而不见,却把身边的人的喜乐看得很重,这样,国家就没有希望了。再说,现在孤儿老人受冻挨饿,一条死去的狗却享有祭奠,无家室的人得不到救济,一条死去的狗却有棺材,行事邪僻到这种程度,百姓听说了一定会怨恨您,诸侯听说了一定会轻视您,怨恨在百姓心里积聚,地位在诸侯中越来越低,您却认为这是小事,请您仔细考虑一下吧!"齐景公听了,说:"好!"就命令厨师赶快把那条狗做成菜肴,用来招待朝臣。这里,晏子就是运用概括的方法帮助齐景公对礼葬爱犬一事提高到原则的高度来认识,从而使他修正了自己的错误。

(2)概念的概括有利于明确概念。当人们对一个对象不了解时,就可以通过概括,扩大概念外延的范围,把这个对象放在它所属的大类中来认识,这是人们明确概念常用的一种方法。例如,要说明"埙"是什么东西,我们就说:"埙是古代的一种吹奏乐器。"将"埙"概括为"吹奏乐器",就使人们对这一事物有了初步的了解。

(3)概念的概括有助于准确地表达思想。例如,我们如果规定"驾驶员在外执行任务时不得酗酒",这一规定就太窄,把"酗酒"概括为"喝酒"就恰当了。如果规定"醉汉犯罪应负刑事责任",就不恰当,这样醉酒的女人犯罪就可以不负刑事责任了。所以,应像我国《刑法》规定的那样,把"醉汉"概括为"醉酒的人",这样表达就准确了。

总之,概念的概括和限制是变化方向正好相反的两种思维方法。限制增加概念的内涵,缩小概念的外延,使属概念过渡到种概念;概括减少概念的内涵,扩大概念的外延,使种概念过渡到属概念。通过限制和概括,人们根据事物之间的联系和区别来明确概念和认识事物,这是人们认识和实践中广泛使用的逻辑方法。

第五节　定义与划分

上一节讨论了限制与概括,这是明确概念的两种的逻辑方法。另外,定义与划分也是常用的两种明确概念的逻辑方法,其中定义的主要作用在于揭示概念的内涵,而划分的主要作用在于明确概念的外延。

一、定义

(一)定义的含义与结构

所谓定义,就是用精练的语言把概念所反映对象的本质属性高度概括地揭示出来。换句话说,定义是揭示概念内涵的逻辑方法。例如:

①国家是阶级统治的暴力工具。

②法律规范就是由国家制定或认可的,体现统治阶级意志的,以国家强制力保证实施的行为规则。

③偶数是能被 2 整除的整数。

这就是"国家""法律""偶数"的定义,这些定义揭示了"国家""法律""偶数"的本质属性,分别明确了"国家""法律""偶数"的内涵。

定义由三部分组成,分别是被定义项(被定义概念)、定义项

(定义概念)和定义联项。被定义项就是被揭示其内涵的概念,通常用 Ds 表示;定义项是用来揭示被定义项(Ds)内涵的概念,通常用 Dp 表示;定义联项是把被定义项(Ds)和定义项(Dp)联结起来的概念,一般用"是""就是""所谓……就是……"等来表示。在上述定义②中,"法律"是被定义项,"由国家制定或认可的,体现统治阶级意志的,以国家强制力保证实施的行为规则"是定义项,"就是"是定义联项。定义的逻辑形式为

$$Ds = Dp(Ds \text{ 是 } Dp)。$$

由于对象情况不同,有的定义比较简单,如"商品是用来交换的劳动产品";而有的定义则比较复杂,如"海关是根据国家法令,对进出国境的货物、邮递物品、旅客行李、货币、金银、证券和运输工具等进行监督检查、征收关税并执行查禁走私任务的国家行政管理机关。"

在思维过程中,定义起着重要作用。定义可以确定概念的内涵,从而可以总结巩固人类对于事物本质的认识成果;它可以揭示已有概念的内涵,从而帮助人们把握概念所反映的事物的本质,将不同的事物区别开来;它还可以帮助别人了解自己所使用的概念的内涵,以便顺利地交流思想。但是,一个定义只能揭示事物某个或某些方面的本质,并不能完整地反映具体事物的全部内容。因此,决不能用下定义代替对具体事物的具体分析。

(二)定义的方法

要给一个概念做出科学的定义,必须通过实践掌握概念所反映的思维对象的特有属性。在实际思维活动中,最常用、最常见的定义方法是属加种差定义的方法。用属加种差定义的方法给概念下定义的具体步骤如下:

(1)找出被定义项的邻近属概念,即找出比被定义概念的范围更大、外延更广泛的概念,以确定被定义概念所反映的对象属于哪一类事物。一般来说,真包含被定义概念外延的属概念有几个,应根据定义的具体要求,确定较邻近的属概念。

（2）找出被定义项的种差。种差是指被定义项这个种概念与同属中其他同级种概念在内涵上的差别，这种差别也就是被定义概念所反映的对象的特有属性或本质属性。要揭示出这种差别，以便把被定义概念所反映的对象同其他对象区别开来。

（3）把被定义项同属加种差构成的定义项用定义联项联结起来，构成完整的定义。

例如，要给"动物"下定义，首先就要找出"动物"的属概念是"生物"，确定动物是生物这类事物中的一种；然后将动物同其他生物相比较，找出动物与其他各种生物的本质差别是"自身无法合成有机物，须以动植物或微生物为营养，以进行或维持生命活动"，这就是种差；最后把种差加上属概念构成定义项，并用定义联项把被定义项和定义项联结起来，构成一个完整的定义："动物是自然界生物中的一类，自身无法合成有机物，须以动植物或微生物为营养，以进行或维持生命活动的生物。"

属加种差定义的基本公式为

被定义项＝种差＋邻近的属概念。

由于事物的属性是多方面的，种差也可以是不同方面，因而对某一个概念用属加种差定义方法作出的定义也是多种多样的，这样属加种差定义就可以分为如下几种：

（1）性质定义。所谓性质定义，具体是指以被定义概念所反映的事物的特有性质为种差而形成的定义。例如，"教育是传播人类文明成果、科学知识和社会生活经验并培养人的社会活动。""国家是阶级统治的暴力工具。"等，这都是性质定义。

（2）发生定义。所谓发生定义，具体是指用事物发生或形成过程中的情况作为种差的定义。例如，"折线是把不在一直线上的若干点用线段逐点连接起来的图形。"这是"折线"的发生定义，它的种差是折线形成的情况。

（3）功用定义。所谓功用定义，具体是指以事物的特殊功能作为种差的定义。例如，"血压计是测量血压的医学仪器。"这种定义指出了某事物特有的功能（也是本质属性）。

(4)关系定义。所谓关系定义,具体是指以事物间的关系作为种差的定义。例如,"偶数就是能被 2 整除的数。"这个定义是关系定义,种差"能被 2 整除"是偶数与 2 之间的关系。

属加种差定义是给概念定义最常用的方法,但它也有局限性。对于单独概念和哲学范畴就不能用这种方法定义。单独概念反映的是独一无二的事物,虽然它有属概念,但没有种概念,区别个别事物要把握很多属性,因而常用特征描述的方法来说明它,以代替定义,也可称作摹状定义。哲学范畴(如"物质""意识")反映的是一个外延最大的类,在它们以外没有外延更大的属概念,因而也无所谓种差,也就不能用属加种差的方法来定义。

上述定义的方法都是揭示概念所反映的事物的本质属性,逻辑学上把它们叫作真实定义或事实定义。此外,还有用解释词语意义来说明概念的定义方法,叫词语定义。词语定义可分为如下两种:

(1)说明性词语定义。所谓说明性词语定义,具体是指对某个词语已经确定的意义做出说明。当人们不了解某一词语的意义时,就用词语定义加以说明。例如,"牛犊是小牛",表示了"牛犊"是小牛的一种名称,同时也确定地说明"牛犊"是用来表示小牛这类对象的。所以,说明性词语定义有对错问题,如果一个说明性词语定义符合已确定的意义就是对的,反之就是错的。例如,若说"牛犊"是骡子,这个说明性词语定义没有正确反映已确立的意义,便是错的。

(2)规定性词语定义。所谓规定性词语定义,具体是指给某个词语表示的意义作出规定。它可以规定一个新造词的含义,也可以给已有的词赋予新的含义,以帮助人们总结和巩固认识成果,顺利地交流思想。这种定义在科学论著、法律条文、规章制度、合同、条约中应用广泛。例如,"八荣八耻"就是"以热爱祖国为荣、以危害祖国为耻,以服务人民为荣、以背离人民为耻,以崇尚科学为荣、以愚昧无知为耻,以辛勤劳动为荣、以好逸恶劳为耻,以团结互助为荣、以损人利己为耻,以诚实守信为荣、以见利忘义为耻,以遵纪守法为荣、以违法乱纪为耻,以艰苦奋斗为荣、以骄奢淫逸为耻";"三个代表"重要思想,就是中国共产党"代表中国先进生产力的发展方向,代表先进文化的前进方向,代表中国最广大人民的根本利益"等。

规定性词语定义是创立新词语或组成新词语时,对一个可能产生歧义的词语或词组加以明确的规定。这种规定有相当大的随意性,但并不是任意的,一旦规定之后就有了确切的意义,不能任意解释或引用,它必须合乎某些规律和人们的日常习惯。

(三)定义的规则

在科学研究和实践应用中,要对概念做出正确的定义,就必须遵循如下的定义规则:

(1)定义项外延与被定义项外延必须全同。因为概念的内涵和外延是紧密联系的,定义概念和被定义概念的内涵相同,外延也应完全相通。只有二者外延相同,才能说明定义概念正确揭示了被定义概念的内涵。如果违反这条规则,就会导致如下逻辑错误:

①定义过宽。具体是指定义项的外延大于被定义项的外延。例如,"哺乳动物是有肺部并要呼吸空气的脊椎动物"这一定义的定义项外延就过宽,不能揭示出"哺乳动物"的本质,因为鸟类、爬行动物以及大多数成熟的两栖动物都有肺部并要呼吸空气,并且都是脊椎动物,但它们不属于哺乳动物。

②定义过窄。具体是指定义项的外延小于被定义项的外延。例如,"商品就是以货币作为中介进行交换的劳动产品。"这一定义的定义项外延过窄,因为它把不通过货币进行交换的那一部分商品排除在外,这是不对的。

(2)定义项中不得直接或间接地包含被定义项。因为被定义项本身的内涵是需要明确的,如果定义项中包含了被定义项,就是自己解释自己,以不明确的部分去定义不明确的部分,这样就达不到明确被定义项内涵的目的。如果违反这条规则,就会犯如

下逻辑错误:

①同语反复。具体是指一个定义的定义项中直接包含了被定义项。例如,"实用主义者就是在待事待人方面特别讲究实用的人。"这一定义的定义项直接包含了被定义项,没有真正揭示被定义概念的内涵,因而犯了同语反复的逻辑错误。

②循环定义。具体是指一个定义的定义项间接包含了被定义项。例如,"人是有理性的动物""理性是人区别于其他动物的高级神经活动""高级神经活动是人的理性活动",通过这三个定义,人们既不明白什么是人,也没有明白什么是理性和高级神经活动,因为它们相互依赖,谁也说明不了谁。

(3)定义项中不得使用含混的概念或词语,不得用比喻。因为定义的目的是要揭示被定义项的内涵,如果定义项使用的概念或词语含混不清,就达不到明确被定义项内涵的目的。比喻虽然形象生动,是一种很好的修辞方法,但它不能从正面直接揭示被定义概念的内涵,因而不能当作定义来使用。违反这条规律,就会犯如下逻辑错误:

①定义含混。具体是指在定义项中使用了含糊不清的概念或词语。例如,杜林曾给"生命"下了这样一个定义:"生命是通过塑造出来的模式化而进行的新陈代谢。"在这个定义中,"塑造出来的模式化"是一个不可捉摸的含混概念,当然达不到明确概念的目的。对此,恩格斯斥责他是"毫无意义的胡说八道"。

②以比喻代替定义。具体是指定义项用了形象的比喻。例如,"儿童是祖国的花朵""书是人类进步的阶梯""生活是最生动的河流,最丰富的矿藏"等,这些比喻和借代虽然形象生动,是一种很好的说明方式,但并未揭示被定义概念的本质属性,作为定义是错误的。

(4)定义联项不能是否定的。如果定义联项是否定的,就只能说明被定义项不是什么或没有什么属性,而不能揭示被定义项具有什么属性,因而达不到揭示被定义项内涵的目的。违反了这条规则,就会犯"不成定义"的逻辑错误。例如,"商品是不供生产者本人消费的产品。"这个定义就只能说明"商品"不具有"供生产者本人消费"的属性,而不能说明"商品"具有什么本质属性,犯了"不成定义"的逻辑错误。另外,给正概念下定义时,不仅不能用否定联项,也不能用负概念做定义项。因为负概念是反映对象不具有某种属性的概念。给负概念下定义时,定义项一般要用负概念,例如,"无机物就是不含碳的化合物""非党员就是没有加入党组织的人"。但是,给负概念下定义仍然不能使用否定联项。

(四)定义的作用

在思维过程中,定义起着极其重要的作用,大致可以归纳如下:

(1)定义可以帮助人们把握、巩固已有的认识成果。人们在学习和实践过程中,对某事物的本质属性有了比较充分的认识后,就可以给它下个科学定义,把握和巩固已有认识成果,这是人们认识和改造客观世界的一种重要手段。

(2)定义可以帮助人们学习和掌握知识,继承前人的知识财富。学习知识离不开概念,概念有了明确的定义,就可以清晰地掌握概念,它是人们传播知识,进行知识教育的一种重要手段。

(3)定义可以指导人们的工作实践。概念是反映事物本质属性的,通过定义明确概念,也就能抓住事物的本质,帮助我们区分事物,指导实践。

(4)定义可以检验人们所用的概念是否明确。概念的定义是人们在写作论文、进行思想交流、问题讨论过程中防止曲解、诡辩,避免分歧的重要手段。

二、划分

(一)划分的含义与结构

概念的外延有大有小。单独概念的外延只包含单独的一个思维对象,概念的外延很清楚;普遍概念则反映一类事物,分子数有多有少,有的有限,有的无限。对于分子数无限的概念如果用一一列举的方法,不仅办不到也没有必要,这种情况下,人们就需要采用划分的方法来明确概念的外延。所谓划分,具体是指通过把一个属概念分成若干个种概念来明确概念外延的一种逻辑方法。例如:

①脊椎动物包括哺乳动物、鱼类、鸟类、爬行动物和两栖动物等。

②文学作品分为小说、诗歌、散文、戏剧等。

在①中,将属概念"脊椎动物"分成了"哺乳动物""鱼类""鸟""爬行动物"和"两栖动物"等多个种概念;在②中,将属概念"文学作品"分成了"小说""诗歌""散文""戏剧"等多个种概念。这就是概念的划分。

划分由划分母项、划分子项和划分标准三部分组成。划分母项是被划分的概念,上述①中的"脊椎动物"和②中的"文学作品"就是划分的母项;划分子项是划分后所得到的各种概念,上述①中的"哺乳动物""鱼类""鸟""爬行动物"和"两栖动物"等和②中的"小说""诗歌""散文""戏剧"分别是各个划分中的划分子项;划分标准也叫划分依据,具体是指划分过程中所依据的概念所反映的对象的属性,上述①中的划分标准是动物的生殖方式、体温、心脏结构、身体表面情况等一系列属性,②中的划分标准则是文学作品的体裁。划分标准虽然在划分中不被明显地表示出来,但它却是划分所必不可少的条件。对任何一个概念的划分,都是根据一定的标准进行的。在具体的划分中究竟选择什么属性作为划分的标准,是根据不同的需要确定的。

特别要注意的是,要正确区别划分与分解的不同。划分是将一个属概念按一定的标准分为几个并列的种概念的逻辑方法。划分后的母项与子项是属种关系,即每一个子项都具有母项的性质。例如,可以将树划分为"松树""柳树""针叶""阔叶",这就是划分。分解则是将整体分为具体的各个部分。整体与部分之间不是属种关系,被分解的部分已经不具有整体的属性。例如,将树分为树冠、树干和树根,将汽车分为车厢、底盘和车轮,这就是分解,而不是划分。

(二)划分的种类

对于划分,逻辑学上也常根据不同的标准,从不同的角度进行了划分,最常见的划分种类如下:

(1)科学划分和一般划分。根据划分所依据的属概念的属性不同,划分可分为科学划分和一般划分。在科学研究中,严格按照某一事物的本质属性来进行的划分,称为科学划分。它是人们知识系统化的反映,并在科学发展的相当长时期中起作用,比一般划分有长期性、稳定性,如门捷列夫元素周期表对化学元素的分类。一般划分也就是人为划分,这种划分是人们根据一时的需要来进行的,具有人为性质,随着实践过程的完毕也就不再重要。例如,参加集体劳动,可以按小组进行分工,随着劳动结束,这种小组分工也就失去了意义。

(2)一次性划分和连续划分。按划分次数不同,划分可分为一次性划分和连续划分。一次性划分是根据划分标准对母项一次划分完毕,划分的结果只有母项和子项两个层次。例如,把"小说"分为"长篇小说、中篇小说、短篇小说",这就是按小说的篇幅和容量进行的一次性划分。连续划分是把母项划分为若干子项后,再将子项作为母项继续进行划分,直到满足需要为止。例如,将"科学"划分为"自然科学和社会科学",再将"自然科学"划分为"数学、物理学、化学、生物学、天文学、地理学",将"社会科学"再划分为"经济学、法学、历史学、教育学、语言学"等。然后还可以继续划分,如将"物理学"划分为"经典物理学和近代物理学",将"经典物理学"划分为"力学、热学、电磁学、光学、原子物理学"等。

(3)二分法划分和多分法划分。按划分的子项数目不同,划分可以分为二分法划分和多分法划分。二分法划分是依据对象有无某种属性把一个母项划分为具有矛盾关系的两个子项的划分方法。二分法划分所得的子项往往是一个正概念和一个相应的负概念。例如，把"战争"分为"正义战争"和"非正义战争"，把"元素"分为"金属元素"和"非金属元素"等。也可以两个子项都是正概念，如把"人"分为"男人"和"女人"等。二分法的优点是简便易行，不易发生错误，易于突出工作的内容；缺点是对负概念的内涵和外延揭示得不够清楚。多分法划分是将一个母项分成三个或三个以上子项的划分。如把"小说"分为"长篇小说、中篇小说、短篇小说"，把"人"分为"老年人、中年人、青年人、少年儿童、婴儿"，这些都是多分法划分。

（三）划分的规则

在逻辑学上，对概念进行划分不仅要掌握正确的划分方法，还必须遵守划分的规则。在这里，将划分的主要规则总结如下：

（1）划分所得各子项的外延之和应等于其母项的外延。换句话说，就是划分所得各子项的外延之和与母项的外延必须全同。违反这一规则就会犯如下逻辑错误：

①子项不穷尽母项。具体是指划分子项的外延之和小于母项的外延，这又被称为"划分过窄""划分不全""子项不穷尽"。例如，把"人"分为"中年人、青年人、少年儿童、婴儿"，这个划分就是子项未穷尽母项，因为还有"老年人"。

②子项多出母项。即划分后子项的外延之和大于母项的外延，把一些不属于母项的对象当作子项，这又被称为"划分过宽""多出子项"。例如，"实词"可分为"名词、动词、形容词、数词、量词、代词、副词，连词，介词"。这个划分把不属于实词的"连词"和"介词"也包括在实词的外延中，犯了"子项多出母项"的逻辑错误。

（2）划分后子项的外延应当互相排斥。划分后获得的几个子项，它们之间的关系应该是互不相容的全异关系，不能有一些事物既属于这个子项又属于另一个子项。违反这条规则，就会犯"子项相容"的逻辑错误。例如，将"文件"分为"绝密文件、军事文件"，这里的"绝密文件"与"军事文件"是交叉关系，犯了"子项相容"的错误。再如，将"某商场的商品"分为"服装、鞋帽、家电和儿童用品"，这里的"儿童用品"的外延与"服装""鞋帽"也是相容的。如果子项是相容的，就会出现一些对象既属于这一子项，又属于另一子项，这必然引起混乱。子项之间不相容，就能够把属于母项的任何一个对象划分到一个子项中去，而且也只能划分到一个子项中去，从而明确概念的外延。

（3）每次划分只能用一个划分标准。划分标准可以根据实践需要的不同而有所不同，但每次划分只能按一个标准进行，否则会混杂不清，达不到明确概念外延的目的。例如，把"战争"分为"世界大战、局部战争、正义战争、非正义战争"，这种划分采用了战争的规模和战争的性质两个划分标准，犯了"混淆划分标准"的逻辑错误。

（4）划分不能越级。连续划分要按照概念间的属种关系逐级进行，使子项是母项最邻近的种概念，子项之间是并列的同一层次，不是属种关系。例如，把"科学"划分为"自然科学、社会科学、数学、高等数学、初等数学等"，这一划分中，"自然科学"与"社会科学"是同一层次的，它们是"科学"这个属概念最邻近的种概念，"数学"是"自然科学"的邻近种概念，依此类推。这不是按层次进行的逐级划分，这就犯了"越级划分"的逻辑错误。

（四）划分的作用

划分也是明确概念的一个重要的逻辑方法，它与定义的区别在于：定义是从内涵方面来明确概念的，而划分则是从外延方面来明确概念的。人们往往可以通过明确概念的外延，来理解概念的内涵。所以，划分也有助于明确概念的内涵。具体地说，划分在逻辑思维中有如下作用：

（1）划分有明确概念、加深对事物的认识的作用。划分的主要功能是明确概念外延。通过划分，可以使人们条理清晰、层次分明地了解概念的外延，了解一个概念能够适用于哪些对象，从而达到明确概念、正确使用概念的目的。在定义基础上进行划分,使人们对概念所反映的对象的认识从定性分析进入定量分析,认识层层深入,全面具体,是对事物认识的深化和精确化。

(2)划分在语言表达中有重要的规范作用。在写文章、做报告、讲话和论述问题的时候,都少不了运用划分方法,遵守划分规则。例如,在写文章时,要围绕文章主题,分成几个方面进行论证,要做到中心明确,层次清楚,内容全面,各个论点和论证层次有不同内容,彼此不重复混杂,不遗漏重要的论点和论据。所有这些,都要运用划分的方法和遵守划分规则,否则,就会出现内容和结构的混乱,影响表达的效果。

(3)划分对科学研究和社会实践有指导作用。概念的划分,特别是科学分类,是掌握同类事物共同本质和发展规律的基础环节,是任何科学系统中不可缺少的方法,对于理论研究和科学发展有重要的指导意义。在日常工作中,对于工作对象的区分,工作任务的分配,工作进展的规划等,都离不开划分。

第四章　必然性推理：简单判断及其推理

　　逻辑学的主要内容是研究思维的逻辑形式，而思维的基本形式就是概念、判断与推理。概念是人们进行准确思维的基础。但是，仅仅使用概念这种思维形式在一般意义上是无法表达思想的，要想独立地表达一个完整的意思，至少必须由两个概念有机地组合起来，这种两个或两个以上概念的有机组合就涉及了另外一种思维形式——判断。然而，世界复杂多样，人们要想认识世界、交流思想，主要依靠的还是由一个或几个已知判断引出新判断的思维形式——推理。因此，推理在整个逻辑学中是主要研究对象。本章将在概述判断和推理基本思想的基础上，对简单判断及其推理展开讨论，内容主要包括直言判断及直接推理、直言判断的间接推理——三段论、关系判断及其推理。

第一节　判断和推理概述

一、判断的概述

（一）什么是判断

　　客观存在的一切事物都具有一定的性质，也都处在一定的关系之中。思维主体对对象事物的性质或关系情况总可以做出肯定性或否定性的断定。人们常说的对某件事的看法、对某个问题的观点正是这样的断定。这种对于事物情况有所断定的思维形式称为判断。例如,"中国是一个历史悠久的文明古国"是一个判断,它是关于中国情况的一个肯定,即肯定了中国是属于文明古国之列。再例如,"中华民族不是由单一的民族形成的"也是一个判断,它是关于中华民族情况的一个否定,即否定了中华民族具有"由单一民族形成的"这一属性。以上两个判断都是通过语句来实现和表达的。人们只有借助语句,才能得知它们所肯定或所否定的意思。否则,判断就不能实现和表述对事物情况的断定。

判断具有如下两个基本逻辑特征:

(1)任何判断必定有所断定,即必定有所肯定或者有所否定。判断既然对对象情况有所断定,就有一个是否符合客观实际的问题。如果对事物的情况既不肯定也不否定,而只是表示疑问,那就不是判断,而只能是问题。例如,"中国是一个文明古国吗?"就是一个问题,而不是一个判断。因为这句话对中国到底是不是一个文明占国,既没有肯定,也没有否定。

(2)任何判断必定有真假,即或者是真的或者是假的。如果一个判断所断定的事物情况与客观实际相符合,那么,该判断就是真的。相反,如果判断所断定的事物情况与客观实际不相符合,那么,该判断就是假的。例如,"党的十一届三中全会以来所制定和实行的农村政策基本是正确的""正确地开展批评与自我批评不是打棍子"。这两个判断所断定的,符合客观实际情况,与事实相一致,因而它们都是真的。再如,"承包是实行私有制""科学技术不是生产力"。这两个判断所断定的,不符合客观实际情况,与事实不相一致,因而它们都是假的。

判断的"真"与"假"是认识论的重要范畴,也是逻辑学的重要范畴。不同的是,认识论是从主客体关系的角度研究判断的真假,而逻辑学则只研究判断在形式上的真假特征和判断之间在形式上的真假关系。例如,具有哪种形式的判断反映哪种类型的事物情况,在什么样的事物情况下这种判断是真的,在什么样的事物情况下这种判断是假的,这就是判断在形式上的真假特征。又如,如果具有"所有 S 都是 P"这一形式的判断是真的,则具有"有的 S 不是 P"这一形式的判断就一定是假的。这就是判断之间在形式上的真假关系。

判断在思维过程中的作用极其重要,具体总结如下:

(1)判断是明确概念的手段。人们的认识成果是用概念的形式固定下来的,但概念的内涵和外延必须通过判断才能揭示出来,才能进行表达和交流。在科学理论中,给概念下定义,阐述基本原理,都离不开判断这个工具。

(2)判断是人们认识事物的重要工具。人们认识任何事物,都要通过判断。只有当人们能够做出有关事物的正确判断时,才可以说人们正确地认识了该事物。人们要表达自己的思想,也离不开判断。单个的概念不能明确地表达思想,概念只有组成判断,才能对对象有所断定,表达某种明确的思想。

(3)判断是组成推理的基本要素。概念构成判断,判断构成推理。在进行推理时,也离不开判断,有什么样的判断,就构成什么样的推理;没有判断,就无法推理。因此,正确认识和运用各种判断形式,是正确地进行各种有效推理的必要条件。

(二)判断的语句

判断与语句的关系如同概念和词语的关系一样,也是既密切联系,又互相区别,弄清判断和语句的联系和区别,有助于恰当地运用语句表达判断。下面展开对判断与语句之间的区别与联系的分析:

(1)判断和语句的密切联系。判断作为一种思维形式,一种思想,是不能离开语句而存在的,任何一个判断都要用语句来表达。语句是判断的物质外壳、表达形式。人们日常所看到、听到的判断,都是书面的或口头上的语句。没有语句,对事物情况的断定就不能表达出来,也不能进行交流。同时,语句也离不开判断,很多情况下,语句如果不表达对事物情况的断定,几乎就要失去它存在的意义。

(2)判断与语句的区别。判断和语句的区别主要有以下几个

方面:

①判断和语句属于不同学科的研究对象,判断是逻辑学研究的对象,运用判断应遵守逻辑规律;而语句是语言学研究的对象,运用语句应遵守语言规则。二者各属不同的对象领域,各属不同的学科范畴,具有不同的特点。

②任何判断都要用语句表达,但并非任何语句都表达判断。一个语句是否表达判断,取决于该语句是否具备判断的两个逻辑特征。从总体上看,语言学中所研究的陈述句和疑问句中的反问句都表达了对事物情况的断定。例如,"故宫是我国保存最完整、最宏伟的古代皇家宫殿。"这句话是一个陈述句,直接地表达了对事物情况的断定。再如,"故宫难道不是我国保存最完整、最宏伟的古代皇家宫殿吗?"这句话是一个反问句,它也间接地表达了对事物情况的断定。然而,疑问句中的正问句、祈使句和感叹句一般不表达判断,例如,"故宫是我国保存最完整、最宏伟的古代皇家宫殿吗?""你应当去故宫看看。""故宫是多么宏伟啊!"这几句话分别属于疑问句中的正问句、祈使句和感叹句,它们都没有表达对思维对象的断定,并且也无从检验其真假,因而,它们都不表达判断。

(3)同一个判断可以用不同的语句表达。不仅不同的民族或地域对于同一个判断可以用不同的语句表达,而且同一个民族或地域对于同一个判断也可以用不同的语句来表达。例如,"任何事物都是发展变化的。""难道有什么事物不是发展变化的吗?""没有什么事物不是发展变化的。"这几个判断虽然语句形式各不相同,但它们所表达的都是同一个判断,即"所有的事物都是发展变化的。"

(4)同一个语句在不同的语境中可以表达不同的判断。例如,"李先生正在理发",这一判断在一种语境中可以表达"理发师正在给李先生理发"这个判断;在另一种语境中又可以表达"李先生正在给顾客理发"这个判断。又如,"张老板肩上的担子很重",这个判断在一种语境中可以表达"张老板肩上所挑的东西(实物)

很重"这个判断;在另一种语境中又可以表达"张老板所担负的工作任务很重"这个判断。但是必须注意,如果一个语句不是在不同的语境,而是在同一个语境中,那么,它就只能表达某一个判断,而不能表达几个不同的判断。否则,就会造成思维混乱。

(三)判断的分类

判断是对事物情况的断定,而事物的情况是多种多样的。因此。判断也是多种多样的。例如:

①国家政策是一定要适应基本国情的。

②金属具有良好的导热性。

③如果我们重视环境保护,则地球的生态环境会变得越来越好。

④如果你给金属加热,那它就会膨胀。

对于上述四个判断,从内容上看,完全各异;但从形式上看,它们则分属于两种不同的判断形式。①和②是用了"S 是 P"这种判断形式来表达的。"S"是拉丁文 Subjectum 的第一个字母,原意是主语,也可以翻译为主项。"P"是拉丁文 Predicatum 的第一个字母,原意是宾语,也可以翻译为谓项。③和④则是用"如果甲,那么乙",或"如果 P,那么 Q"这种判断形式来表达的。四个内容不同的判断,只用了两种判断形式来表达。这种情形,不仅说明了判断的内容是多种多样的,而且也说明了内容不同的判断,可以具有共同的判断形式,以及判断的形式也是多种多样的。逻辑学正是根据判断形式特征的同异来对判断进行分类的。

按照判断形式中是否包含了其他判断,可以把判断划分为简单判断与复合判断两种。简单判断是不包含其他判断的判断。例如,上述①和②就属于简单判断。复合判断是还包含其他判断的判断,它是由它所包含的其他判断与逻辑联结项构成的判断。例如,上述③和④就属于复合判断。

需要特别注意的是,简单判断由单句表达,但是单句不一定都表达简单判断。有的单句不表达判断,而有的单句(如联合短语做主语或做谓语的单句)表达复合判断。复合判断一般由复句和复句的紧缩式表达,但是,复句并不都表达判断,因果复句就不表达判断而表达推理。

在简单判断中,根据其所断定的是对象的性质还是关系,分为性质判断(直言判断)和关系判断。在性质判断(直言判断)中,又可分为单称肯定或否定、特称肯定或否定,以及全称肯定或否定共六种。关系判断分为对称性和传递性两种。在复合判断中,按照逻辑联结项的不同,又可分为联言判断、选言判断、假言判断和负判断。

另外,按照判断形式中是否包含模态词(必然、可能、必须、禁止、允许等),可以将判断分为模态判断和非模态判断。模态判断是包含有模态词的判断;非模态判断是不包含模态词的判断。对于模态判断,通常又分为必然判断和或然判断。而对于非模态判断,在有的逻辑学文献中,也有称为实然判断的。

综上所述,可以用如图 4-1 所示的框架图来描述判断的分类。

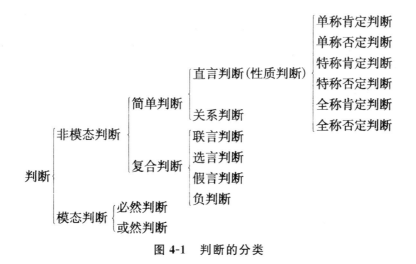

图 4-1 判断的分类

对判断形式的种类进行研究,目的是在于更好地理解和把握各种判断形式的逻辑特性,弄清各种判断形式之间的逻辑关系。这有助于人们做出恰当的判断,有助于人们运用各种形式的判断,准确地表述思想和进行推理。

二、推理的概述

（一）什么是推理

概念是反映事物本质属性的思维形态,判断是对事物有所断定的思维形态,而事物之间是普遍联系的。所以,反映事物联系的判断之间也相应地具有各式各样的联系。循着这些联系,可以由一些判断推导或引申出一些新的判断。具有这种推导关系的一些判断,就构成推理。换句话说,推理是由已知判断引出新判断的思维形式。例如:

①所有的商品都是有价值的,

所以,有些有价值的是商品。

②凡绿色植物都是含有叶绿素的,

菠菜是绿色植物,

所以,菠菜是含有叶绿素的。

③如果天下雨,那么地会湿,

天下雨,

所以,地会湿。

④蛇是用肺呼吸的,

鳄鱼是用肺呼吸的,

海龟是用肺呼吸的,

蜥蜴是用肺呼吸的,

……

蛇、鳄鱼、海龟、蜥蜴……都是爬行动物,

所以,所有爬行动物都是用肺呼吸的。

这些都是推理,例①是由一个已知判断推出一个新判断,例②、③和④是由两个或两个以上的已知判断推出一个新判断。由已知判断推出未知的新判断是推理的主要特征。

推理是一种重要的思维形式，也是人们认识事物的一种重要的手段。这种认识手段在人们的日常生活、工作、学习以及科学研究中具有极其重要的意义。具体地说，推理的认识作用主要表现在如下两个方面：

（1）推理是从已知进入未知的一种逻辑方法。这种逻辑方法是根据已有的某些知识和条件为前提，推断出某些尚不知道的新知识。具体包括：从一般性的认识深入到对个别事物的认识；从对个别事物的认识，概括、总结出一般性的认识；从对个别事物的认识达到对整体事物的认识。

（2）推理是论证和反驳的一种主要手段。论证是为了确立某种思想、观点的正确性，反驳是要推翻某种思想、观点的正确性，它们都是借助推理进行的。只要把推理的前提和结论的次序颠倒过来，就可以把其所包含的表述论证的作用显示出来。

（二）推理的组成和逻辑形式

推理由前提和结论两个部分组成，前提是已知的判断，是整个推理的出发点，通常叫作推理的根据或理由；结论是推出的新判断，是推理的结果。推理可以有一个前提，也可以有几个前提。

前提和结论间的关系，称为推出或推导关系。一般来说，推理的语言表达形式是复句或句群，但并不是所有的复句或句群都表达推理，只有那些具有前提和结论的推断关系的复句或句群才表达推理。在表达推理的复句或句群中，常常用一些关联词来表达前提和结论间的推导关系。例如，"因为……所以……""由于……因此……""既然……就……"等等。或者在前提前冠以"因为""由于""基于"等语言标志，在结论前冠以"所以""因此""于是""由此可见"等语言标志。在自然语言中，推理的表达形式是灵活多样的，而且为了简洁有力，常常采用省略式。因此，通过语言形式分析推理时，既要注意语言标志，又不能只看语言标志。凡是不表达前提和结论的推断关系的判断的组合，都不表达推理。

推理的内容是各不相同的,但它们却有着相应的共同的形式。假如用一定的符号把前提判断和结论判断表示出来,并用合理的关联词或其他语言标志把它们的推导关系表示出来,那么,任何具体推理都可以成为一个抽象的公式。这种抽象的公式,就是该推理的逻辑形式。例如,前面的 4 个例子中,如果抽掉推理的具体内容,就可以得出以下 4 个推理的逻辑形式:

①所有的 S 都是 P,

所以,有的 P 是 S。

②所有的 M 都是 P,

所有的 S 都是 M,

所以,所有的 S 都是 P。

③如果 p,那么 q,

p,

所以,q。

④S_1 是 P,

S_2 是 P,

S_3 是 P,

S_4 是 P,

……

$S_1,S_2,S_3,S_4,\cdots\cdots$是 S 类的全部。

所以,所有的 S 都是 P。

以上推理的逻辑形式有一个共同的特点:即借助这类推理形式,由真实前提能够必然地推出真实结论。推理是由判断为“部件”联结起来构成的。虽然判断的内容有所不同,但判断的形式可以相同。所以,不同内容的推理也可以有相同的推理形式。逻辑学研究推理,主要是研究推理形式,特别是研究哪些推理形式是正确的或有效的,哪些推理形式是不正确的或无效的,以保证正确的思维,避免错误的思维。

（三）推理的分类

按照不同的标准,可以把推理划分为许多种。具体的分类方法可以归结如下：

(1)按照推理形式上的差异可以把推理划分为演绎推理和非演绎推理两大类。演绎推理的前提必然蕴涵结论;非演绎推理的前提不必然蕴涵结论。

(2)按照前提和结论之间联系的性质的不同,也可以把推理分为演绎、归纳和类比三大类。演绎是由一般性的前提推导到个别性的结论,归纳是由个别性的前提推导到一般性的结论,类比则是由个别性的前提推导到个别性的结论。归纳和类比就是我们前面所说的非演绎推理。

(3)演绎推理又可以按照其前提中有无模态判断,划分为模态演绎推理和非模态演绎推理。非模态演绎推理又可以按照其前提是简单判断或复合判断,而划分为简单判断推理和复合判断推理。简单判断推理是指前提由简单判断构成的推理;复合判断推理是指前提是至少包含一个复合判断的推理。

(4)以上提到的各种推理,还可以分别按照各种不同的根据,做出种种不同的具体分类。

(5)根据推理的前提与结论之间的逻辑联系,推理可以分为必然性推理和或然性推理。必然性推理是由真实前提必然推出真实结论的推理,其前提蕴涵结论,即如果前提真,结论必然真;或然性推理是由真实前提可以得出真实结论的推理,其前提不蕴涵结论,即如果前提真,结论可能真也可能假。

(6)根据推理中前提数量的不同,可以把推理分为直接推理和间接推理。直接推理是以一个判断为前提推出结论的推理;间接推理是以两个或两个以上判断为前提推出结论的推理。

(7)依据逻辑学发展的最新学术成果,推理还可以首先分成形式化推理和非形式化推理两大类。形式化推理大致相当演绎推理,非形式化推理大致相当非演绎推理。所谓形式化推理,即是严格遵循着传统逻辑中思维规则形式,进行有步骤推导的推理。违反了逻辑形式上的规范,其思维便会出现差错。而非形式化推理,则是遵循着逻辑思维规律,以较灵活的方式思考并进行推理,运用较多的是归纳思维和批判性思维,更加注重对既有材料的鉴别、构建、解释和评价,更多的是综合的逻辑思维能力的展示。

综上所述,可以用如图 4-2 所示的框架图来描述推理的分类。

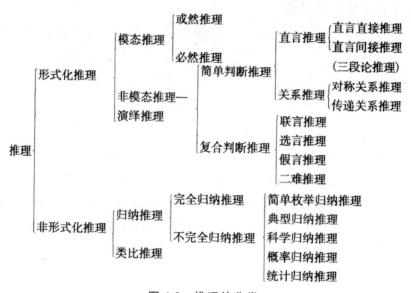

图 4-2　推理的分类

第二节　直言判断及直接推理

一、直言判断的定义与结构

(一)直言判断的定义

直言判断又称性质判断,是简单判断的一种,它是断定事物具有或不具有某种性质的判断。例如:

①所有的事物都是发生变化的。

②鲁迅不是上海人。

③有的金属是液体。

④有些被告不是有罪的。

⑤一切规律都是具有客观性的。

⑥所有的正当防卫都不是违法行为。

上述 6 个判断都是关于事物是否具有某种性质的判断。①断定了所有的"事物"具有"发生变化"的性质；②断定了"鲁迅"不具有"上海人"的性质；③断定了有些"金属"具有"液体"的性质；④断定了有些"被告"不具有"犯罪"的性质；⑤断定了一切"规律"具有"客观性"的性质；⑥断定了所有的"正当防卫"不具有"违法"的性质。由于这类判断都是对事物是否具有某种性质直接做出断定，而不依赖于其他任何条件，所以称之为直言判断或性质判断。

（二）直言判断的组成与逻辑形式

直言判断由主项、谓项、联项和量项四个部分组成，详述如下：

（1）主项。所谓主项，具体是指表示判断中所断定的对象的概念。例如，①中的"事物"、②中的"鲁迅"、③中的"金属"、④中的"被告"、⑤中的"规律"和⑥中的"正当防卫"都是直言判断的主项。一般情况下，直言判断的主项用大写字母 S 表示。

（2）谓项。所谓谓项，具体是指表示判断中断定的对象所具有或不具有的性质的概念。例如，①中的"发生变化"、②中的"上海人"、③中的"液体"、④中的"犯罪"、⑤中的"客观性"和⑥中的"违法"都是直言判断的谓项。一般情况下，直言判断的谓项用大写字母 P 表示。

（3）联项。所谓联项，具体是指表示直言判断中主项和谓项之间的联系的概念。联项决定判断的质，分为肯定联项和否定联项两种。例如，①中的"是"，②中的"不是"都是联项。前者是肯定联项,后者是否定联项。

(4)量项。所谓量项,具体是指表示直言判断中主项所反映的对象的数量或范围的概念。在一般情况下,它置于直言判断的主项之前。量项决定判断的量,通常分为如下三种:

①全称量项。它表示在一个判断中对主项的全部外延做了断定。通常用"所有""凡是""一切""任何""全部""每个""没有不是"等来表达,或者在联项前面加"都"来表示。例如,"人人都要学习"。

②特称量项。它表示在一个判断中是对主项做了断定,但未对主项的全部外延做出断定,通常用"有些""有"等词语表示。需要特别注意的是,特称量项"有的"(或"有些")等,有其特定的逻辑含义,它与日常语言中"有的"含义有所不同。在日常语言中,人们说"有的是……"时,往往意味着"有的不是……";当说"有的不是……"时,往往意味着"有的是……"。但是,作为特称量项的"有的"(或"有些")只表示在一类现象中有对象被判断为有无某性质,至于这一类对象中未被判断的对象如何,它并未做出明确的表示。因此,特称量项"有的"(或"有些")是指"至少有一个",它并不排除客观上可能全部如此。由此,当断定某类中有对象具有某种性质时,并不必然意味着该类中有对象不具有某种性质,反之亦然。而正因为特称判断量项"有的"只是表示有对象存在的意思,所以,特称判断也可称之为存在判断。

③单称量项。它表示直言判断对主项的某一单个外延做了断定。单称量项可以用表达单独概念的专有名词和摹状词表达,也可以在表达普遍概念的词语前面加上"这个"或"那个"等来表达。

在日常语言中,直言判断用单句中的主谓句来表达,判断的量项和主项用主语部分来表达,联项和谓项用谓语部分来表达。在表达判断的句子中,离开一定语境,主项、谓项一般不能省略。特称量项和否定联项在任何情况下都不能省略;全称量项和肯定联项可以省略;其主项是单独概念的量项一般要省略;其主项是普遍概念的单称量项"这个""那个"则不能省略。省去的量项和联项,在逻辑分析中可以补充上,恢复成完整的形式。

一般地,直言判断的逻辑形式可用公式表示为

　　　　所有的(或有的、某个)S 是(或不是)P。

二、直言判断的种类

根据不同的分类标准,直言判断可以分为多种不同的类型,接下来展开详细讨论。

(一)肯定判断与否定判断

按照直言判断的质的不同,可以把直言判断分为如下两种:

(1)肯定判断。所谓肯定判断,具体是指断定对象具有某种属性的判断。例如,"常温下的水是液体""中国人民是勤劳勇敢的"。肯定判断的逻辑形式用"S 是 P"表示。

(2)否定判断。所谓否定判断,具体是指断定对象不具有某种属性的判断。例如,"太阳不是银河系最大的恒星。""事物不是固定不变的"。否定判断的逻辑形式用"S 不是 P"表示。

(二)单称判断、特称判断与全称判断

按照直言判断的量的不同,可以把直言判断分为如下三种:

(1)单称判断。所谓单称判断,具体是指断定某个特定个体是否具有某种属性的判断。例如,"北京是中华人民共和国的首都""月球不是太阳系中的行星"等。单称判断的逻辑形式用"某个 S 是(或不是)P"表示。

(2)特称判断。所谓特称判断,具体是指断定一类事物部分对象是否具有某种属性的判断。例如,"有的共产党员是领导干部""有的商品不是符合国家相关规定"等。特称判断的逻辑形式用"有个 S 是(或不是)P"表示。

(3)全称判断。所谓全称判断,具体是指断定一类事物的全

部对象是否具有某种属性的判断。例如，"所有的中国公民都要照章缴纳个人所得税""所有金属都不是绝缘体"等。全称判断的逻辑形式用"所有 S 是（或不是）P"表示。

（三）直言判断的基本形式

按照质量统一的标准将质和量结合，可将直言判断分为以下六种基本形式：

（1）全称肯定判断。所谓全称肯定判断，就是断定一类事物的全部对象都具有某种属性的判断。量项是全称的，联项是肯定的。例如，"所有的犯罪行为都是危害社会的行为""所有的政党都是代表一定阶级利益的"等。全称肯定判断的逻辑形式用"所有 S 是 P"表示，或者用"SAP"表示，简称为"A 判断"。

（2）全称否定判断。所谓全称否定判断，就是断定一类事物的全部对象都不具有某种属性的判断。量项是全称的，联项是否定的。例如，"所有的干部都不是骑在人民头顶上的老爷""一切知识都不是先天获得的"等。全称否定判断的逻辑形式用"所有 S 不是 P"表示，或者用"SEP"表示，简称为"E 判断"。

（3）特称肯定判断。所谓特称肯定判断，就是断定一类事物部分对象具有某种属性的判断。量项是特称的，联项是肯定的。例如，"有些青年人是爱好古典文学的""有些商品房是高档住房"等。特称肯定判断的逻辑形式用"有些 S 是 P"表示，或者用"SIP"表示，简称为"I 判断"。

（4）特称否定判断。所谓特称否定判断，就是断定一类事物部分对象不具有某种属性的判断。量项是特称的，联项是否定的。例如，"有些社会管理人员不是称职的""有些高科技公司不是搞科技开发的"等。特称否定判断的逻辑形式用"有些 S 不是 P"表示，或者用"SOP"表示，简称为"O 判断"。

（5）单称肯定判断。所谓单称肯定判断，就是断定某个特定个体具有某种属性的判断。量项省略，联项肯定。例如，"司马迁是中国西汉时期的史学家""高等代数是数学的一个分支"等。单称肯定判断的逻辑形式可用"这个 S 是 P"表示，或者用"SaP"表示，简称为"a 判断"。从对主项概念外延的断定情况看，单称判断和全称判断是一致的，即它们都是对主项概念全部外延的断定。因此，在逻辑学上，将单称肯定判断可以归入全称肯定判断，用"SAP"表示，简称为"A 判断"。

（6）单称否定判断。所谓单称否定判断，就是断定某个特定个体不具有某种属性的判断。量项省略，联项否定。例如，"松花江不是中国最长的河流""这部电视剧不是热播剧"等。单称否定判断的逻辑形式可用"这个 S 不是 P"表示，或者用"SeP"表示，简称为"e 判断"。与单称肯定判断相类似，在逻辑学上，将单称否定判断可以归入全称否定判断，用"SEP"表示，简称为"E 判断"。

综上所述，直言判断的逻辑形式可以用表 4-1 来表示。

表 4-1 直言判断的逻辑形式

判断类别	简称	判断形式	简化形式
全称肯定判断	A 判断	所有 S 是 P	SAP
全称否定判断	E 判断	所有 S 不是 P	SEP
特称肯定判断	I 判断	有的 S 是 P	SIP
特称否定判断	O 判断	有的 S 不是 P	SOP

在日常语言中，直言判断的表达可能是很不规范的，因此在进行逻辑分析时，遇到不规范的直言判断，应先将其整理成规范形式，然后进行其他步骤，以免出错。例如，"没有负数是大于 1 的"，就可以先整理成 E 判断，即"所有负数都不是大于 1 的"；"天鹅不都是白的"，就应当整理成 O 判断，即"有的天鹅不是白的"。对自然语言中的直言判断做规范化分析，不能改变判断的原意。

三、直言判断主、谓项的周延性

在直言判断中,通常将主项与谓项统称为词项,对主项、谓项外延数量的断定问题称为主、谓项的周延性问题,即词项的周延性问题。如果在一个直言判断中断定了其主项或谓项的全部外延,那么这个判断的主项或谓项就是周延的;如果在一个直言判断中没有断定主项或谓项的全部外延,那么这个判断的主项或谓项就是不周延的。理解周延性问题必须明确以下三点:

(1)周延性问题是就判断而言的。只有当一个概念作为主项或谓项出现在判断中,从而它的外延受到断定的时候,才有周延或不周延的问题。离开判断单独存在的概念总是指称其全部外延的,不存在周延与不周延的问题。

(2)周延性问题是就判断对主、谓项外延的断定情况而言的,与事物客观上有什么关系是两个不同的问题。例如,"等边三角形"与"等角三角形"这两个概念的外延客观上是全同关系,但在"等边三角形都是等角三角形"这一判断中,主项"等边三角形"是周延的,等角三角形是否都是等边三角形则看不出来,因而谓项"等角三角形"是不周延的。而在"有的等边三角形是等角三角形"这一判断中,主项和谓项都不周延。因此,不能因为"等边三角形"与"等角三角形"在客观上是全同关系,就认为它们在判断中都是周延的,也就是说,不能用主、谓项的外延在客观上的关系,来代替判断对主、谓项外延的断定情况的分析。

(3)周延性问题是就判断的形式结构而言的,它与判断的内容和判断的真假无关。例如,在"所有金属不是导电体"和"有的金属不是导电体"这两个假判断中,主项"金属"在前者中周延,在后者中不周延。周延性问题同判断的内容和真假无关。

接下来,分别讨论 A 判断、E 判断、I 判断和 O 判断四种直言判断中主项和谓项的周延性问题,具体如下:

(1)全称判断的主项都是周延的。A 判断表示"所有的 S 是

P"，它断定 S 类的全部分子（即全部外延）都是 P 类的分子，它断定的是主项的全部外延，没有遗漏。因而，主项 S 在 A 判断中是周延的。例如，"所有的动物都是生物""所有的大学生都是学生"等。同理，E 判断表示"所有的 S 都不是 P"，它断定 S 类的全部分子（即全部外延）都不是 P 类的分子，也是对主项 S 的全部外延进行断定，没有遗漏。因此，主项 S 在 E 判断中也是周延的。例如，"所有的行星都不是自身发光的球体""所有的迷信都不是科学的"等。

（2）特称判断的主项都是不周延的。I 判断表示"有些 S 是 P"，它断定了主项 S 的部分外延属于 P，至于主项 S 的其他部分的外延状况未予断定，是不清楚的。因此，在 I 判断中，主项 S 是不周延的。例如，"有些青年是热爱体育运动的""有些科技工作者是教授"等。同理，O 判断表示"有些 S 不是 P"，它断定了主项 S 的部分外延不属于 P，至于主项 S 的其他部分的外延状况未予断定，是不清楚的。因此，在 O 判断中，主项 S 也是不周延的。例如，"有些机构的营利手段不是合法的""有些商品房的质量不是达标的"等。

（3）肯定判断的谓项都是不周延的。在 A 判断中，断定了所有的 S 都是 P 类的分子，没有断定 P 类的所有分子就是 S 类的所有分子。仅是断定了"所有 S 是 P"，而未能断定"所有 P 是 S"。因此，谓项 P 是不周延的。同理，在 I 判断中，只断定 S 类的部分分子是 P 类的分子，而未断定 P 类全部分子或其余部分分子是否是 S 类的分子。因此，I 判断没有断定谓项的全部外延。所以，在 I 判断中，谓项 P 也是不周延的。

（4）否定判断的谓项都是周延的。在 E 判断中，断定了 S 类的全部分子都不是 P 类的分子，也就是断定了 S 类的全部外延都排除在 P 类的全部外延之外，亦即不准进入 P 类的范围内。这样，P 类的界限已然明确，P 的全部外延已然断定。所以，在 E 判断中，谓项 P 是周延的。同理，在 O 判断中，断定了有些 S 类分子被排除在 P 类的全部外延之外，亦即不准进入 P 类的范围内。

实际上,在O判断中,P类的界限已然明确,P的全部外延已然断定。所以,O判断的谓项P是周延的。

综上所述,A判断、E判断、I判断和O判断四种直言判断的逻辑形式中主、谓项的周延情况,可以用表4-2来表示。

表4-2　各类直言判断形式中主、谓项的周延情况

直言判断形式	主项	谓项
A	周延+	不周延—
E	周延+	周延+
I	不周延—	不周延—
O	不周延—	周延+

四、直言判断的真假及其对当关系

(一)直言判断的真假情况

直言判断主项所反映的对象是事物中的一个类,谓项所反映的对象的性质也是事物中的一个类。所以,在直言判断中,主项S与谓项P实质上反映了类与类的关系。根据前面关于概念间关系的讨论,在客观世界中,类与类之间的关系不外乎五种,即全同关系、真包含于关系、真包含关系、交叉关系和全异关系。因而,直言判断的主项S和谓项P之间在外延上也就相应地反映类与类之间的这五种关系。直言判断的真假取决于其主、谓项所反映的两类事物在客观世界中具有什么样的关系。如果判断断定的主项和谓项的关系与该两类事物客观上的关系相符合,那么,这个判断就是真的。否则,这个判断就是假的。根据主、谓项所反映的类与类之间的五种不同关系,可以确定A判断、E判断、I判断和O判断这四种直言判断本身的真假,具体如下:

(1)全称肯定判断的真假。全称肯定判断断定的是主、谓项之间的全同关系和真包含于关系。所以,当其主、谓项所反映的

两类事物在客观上具有全同关系或真包含于关系时，它是真的；当其主、谓项所反映的两类事物之间在客观上是真包含关系、交叉关系、全异关系时，该判断是假的。

（2）全称否定判断的真假。全称否定判断断定了主、谓项之间的全异关系。所以，当其主、谓项所反映的两类事物在客观上具有全异关系时，它是真的；当其主、谓项所反映的两类事物在客观上具有全同关系、真包含于关系、真包含关系、交叉关系时，该判断均是假的。

（3）特称肯定判断的真假。特称肯定判断断定了主、谓项之间的全同关系、真包含于关系、真包含关系和交叉关系。所以，当其主、谓项所反映的事物在客观上具有这四种关系之一时，它是真的；当其主、谓项所反映的两类事物在客观上具有全异关系时，该判断是假的。

（4）特称否定判断的真假。特称否定判断断定的是其主、谓项之间的真包含关系、交叉关系和全异关系。所以，当其主、谓项所反映的事物在客观上具有这三种关系之一时，它是真的；当其主、谓项所反映的事物在客观上具有全同关系或真包含于关系时，该判断是假的。

综上所述，A 判断、E 判断、I 判断和 O 判断这四种直言判断本身的真假情况可用表 4-3 表示。

表 4-3　四种直言判断的真假情况

	S P	S P	S P	S P	S P
A 判断	真	真	假	假	假
E 判断	假	假	假	假	真
I 判断	真	真	真	真	假
O 判断	假	假	真	真	真

（二）同一素材的直言判断之间的真假关系

所谓同一素材的直言判断之间的真假关系，具体指的是具有相同的主项和谓项的 A、E、I 和 O 四种直言判断之间存在的一种真假制约关系。例如：

①所有的行星都是宇宙天体（A 判断）。

②所有的行星都不是宇宙天体（E 判断）。

③有的行星是宇宙天体（I 判断）。

④有的行星不是宇宙天体（O 判断）。

这四个判断的主、谓项是相同的，是同一素材的 A、E、I 和 O 四种直言判断。这四种直言判断之间之所以存在真假制约关系，是因为这四种直言判断主、谓项相同，说明断定对象的属性相同，只是对象的数量与属性间的联系性质不同。在一定条件下，一定量的事物与属性的关系是确定的，所以反映在不同质和量的判断中就有真假关系。一种判断的真或假，会决定着其他判断的真或假。根据 A、E、I 和 O 的真假情况，就可以确定在同一主项和谓项的情况下，A、E、I 和 O 之间的真假关系。

同一素材直言判断之间的真假关系，称为对当关系。对当关系可以用一个方形图来表示，如图 4-3 所示，这个方形图叫作"逻辑方阵"。

根据图 4-3 所示的逻辑方阵，具有同一素材的 A、E、I 和 O 四种直言判断之间存在着如下四种关系：

（1）矛盾关系。矛盾关系是指 A 判断与 O 判断、E 判断与 I 判断之间的关系。其特点是不能同真、不能同假。即一个真，则另一个必假；一个假，则另一个必真。例如：

①某公司所有员工的月收入都在 3500 元以上（A 判断）。

②某公司有的员工的月收入不在 3500 元以上（O 判断）。

在这两个判断之间，如果 A 判断真，则 O 判断必假；如果 A 判断假，则 O 判断必真。反之，如果 O 判断真，则 A 判断必假；如果 O 判断假，则 A 判断必真。

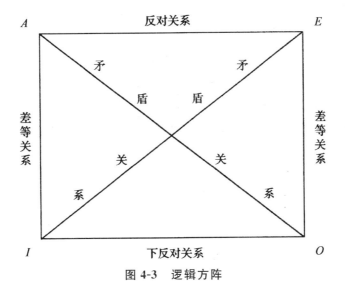

图 4-3　逻辑方阵

同理,在 E 判断与 I 判断两个判断之间,如果 E 判断真,则 I 判断必假;如果 E 判断假,则 I 判断必真。反之,如果 I 判断真,则 E 判断必假;如果 I 判断假,则 E 判断必真。

(2)反对关系。反对关系是指 A 判断与 E 判断之间的关系。其特点是不能同真、可以同假。即一个真,则另一个必假;一个假,则另一个真假不定;特称判断真,则全称判断真假不定;特称判断假,则全称判断必假。例如:

①某公司所有员工的月收入都在 3500 元以上(A 判断)。

②某公司所有员工的月收入都不在 3500 元以上(E 判断)。

在这两个判断之间,如果 A 判断真,则 E 判断必假;如果 A 判断假,则 E 判断真假不定。反之,如果 E 判断真,则 A 判断必假;如果 E 判断假,则 A 判断真假不定。

(3)下反对关系。下反对关系是指 I 判断与 O 判断之间的关系。其特点是不能同假、可以同真。即一个假,则另一个必真;一个真,则另一个真假不定。例如:

①某公司有的员工的月收入都在 3500 元以上(I 判断)。

②某公司有的员工的月收入不在 3500 元以上(O 判断)。

在这两个判断之间,如果 I 判断假,则 O 判断必真;如果 I 判断真,则 O 判断真假不定。反之,如果 O 判断假,则 I 判断必真;如果 O 判断真,则 I 判断真假不定。

(4)差等关系。差等关系是指 A 判断与 I 判断、E 判断与 O 判断之间的关系。其特点是可以同真,可以同假。具体来说就是,全称判断真,则特称判断必真;全称判断假,则特称判断真假不定;特称判断真,则全称判断真假不定;特称判断假,则全称判断必假。例如:

①某公司所有员工的月收入都在 3500 元以上(A 判断)。

②某公司有的员工的月收入在 3500 元以上(I 判断)。

在这两个判断之间,如果 A 判断真,则 I 判断必真;如果 A 判断假,则 I 判断真假不定;如果 I 判断假,则 A 判断必假;如果 I 判断真,则 A 判断真假不定。

同理,在 E 判断与 O 判断之间,如果 E 判断真,则 O 判断必真;如果 E 判断假,则 O 判断真假不定;如果 O 判断假,则 E 判断必假;如果 O 判断真,则 E 判断真假不定。

根据 A、E、I 和 O 四种直言判断之间的对当关系,可以由已知的一种判断的真假推知其他三种判断的真假。例如:

①所有的汽车都是交通工具(A 判断)。

②所有的汽车都不是交通工具(E 判断)。

③有的汽车是交通工具(I 判断)。

④有的汽车不是交通工具(O 判断)。

在上述四个直言判断中,由 A 判断为真可以推知,E 判断为假,I 判断为真,O 判断为假。

再如:

①所有的行星都是可以发光的(A 判断)。

②所有的行星都不是可以发光的(E 判断)。

③有的行星是可以发光的(I 判断)。

④有的行星不是可以发光的(O 判断)。

在上述四个直言判断中,由 I 判断为假可以推知,A 判断为假,E 判断为真,O 判断为真。

综上所述,由已知的一种直言判断的真假推知其他三种判断的真假的具体情况,可用表 4-4 表示。

表 4-4　已知一种判断真假推知其他三种判断真假的具体情况

已知真 ＼ 推知	A 判断	E 判断	I 判断	O 判断	已知假 ＼ 推知
A 判断	真	假	真	假	O 判断
E 判断	假	真	假	真	I 判断
I 判断	不定	假	真	不定	E 判断
O 判断	假	不定	不定	真	A 判断

根据表 4-4,由已知真推未知,先在左边第一列,找到已知为真的那个判断,再在上面第一行找到要推知的那个判断,然后在两行交叉处就可以找到答案;由已知假推未知,先在右边第一列找到已知为假的那个判断,再在上面第一行找到要推知的那个判断,然后在两行交叉处就可以找到答案。表 4-4 中有四处为"不定",那是"可真可假"的,遇到这种情况,就推不出来。

直言判断之间的对当关系,也为正确地进行反驳提供了理论依据。从对当关系上讲,反驳就是由一个判断的真,推出另一判断的假。

具有矛盾关系的两个判断,由于它们不能同真,也不能同假,如果我们要反驳其中一个判断,只要找出与之相矛盾的另一个判断就可以了。例如,要反驳"所有战争都是正义战争",只要指出"有的战争不是正义战争"就可以了。具有反对关系的两个判断,由于它们不能同真,可以同假,因此,如果被反驳判断是假在量上,就不能用一个去反驳另一个,否则就会出现以错对错。例如,不可以用"所有的战争都不是正义战争"去反驳"所有的战争都是正义战争"。如果被反驳判断错在质上,可以用一个去反驳另一个。例如,可以用"所有老虎都是动物"去反驳"所有老虎都不是动物"。下反对关系是可以同真的,因此,任何情况下都不能以一个去反对另一个。至于差等关系,由于判断的质相同,不能互相进行反驳。

关于直言判断之间的对当关系,最后还有几点需要说明:

(1)对当关系是指主、谓项相同的 A、E、I 和 O 四种直言判断之间的真假制约关系,主、谓项不同的 A、E、I 和 O 四种直言判断之间并不存在这种关系。

(2)在对当关系问题上,不能把单称判断当作全称判断看待,因为全称肯定判断和全称否定判断之间是反对关系,而单称肯定判断和单称否定判断之间是矛盾关系,二者不能等同。

(3)逻辑学所讲的对当关系,是以假定判断主项 S 所表示的事物存在为前提。如果主项 S 反映的是外延为零的虚概念,上述 A、E、I 和 O 四种直言判断之间的真假关系就不能成立。

五、对当关系直接推理

在推理的分类表中,简单判断推理按其前提判断的性质,还分为直言判断的推理和关系判断的推理。直言判断推理又按其前提的数量分为直言判断的直接推理和直言判断的间接推理。直言判断的直接推理是由一个直言判断为前提推出一个新的直言判断的推理。直言判断的间接推理是由两个或两个以上的直言判断为前提推出一个新的直言判断的推理。其中两个直言判断前提和一个直言判断结论所组成的推理,叫直言三段论。

直言判断直接推理是由一个直言判断为前提推出一个新的直言判断的推理。这种推理的特点是:前提只有一个,即一个已知判断推出一个新判断;前提和结论都是直言判断;推理是依据直言判断的逻辑性质进行的。直言判断直接推理的方法主要有两种,一种是根据 A、E、I 和 O 四种直言判断的对当关系进行的推理;另一种是根据判断变形进行的推理。

对当关系直接推理是根据由相同的主、谓项组成的 A、E、I 和 O 四种直言判断之间的真假关系所进行的直接推理,也就是根据对当关系由一个判断的真或假直接推出其他三个判断的真或假的推理形式。其中,"真假不定"的情况除外。这种推理又可以分为四种情况。

(一)反对关系推理

根据反对关系,可以从一个判断真推出另一个判断假,即有
$$SAP \rightarrow \overline{SEP} \text{ 和 } SEP \rightarrow \overline{SAP}。$$

例如:
①所有的人都享有基本人权,(A 判断为真)

所以,并非所有的人都不享有基本人权;(E 判断为假)
②所有的成年人都不是 18 周岁以下的人,(E 判断为真)

所以,并非所有的成年人都是 18 周岁以下的人。(A 判断为假)

(二)下反对关系推理

根据下反对关系,可以从一个判断假推出另一个判断真,即有
$$\overline{SIP} \rightarrow SOP \text{ 和 } \overline{SOP} \rightarrow SIP。$$

例如:
①并非有的学生是不应该努力学习的,(I 判断为假)

所以,有的学生不是不应该努力学习的。(O 判断为真)
②并非有些植物不是多年生的,(O 判断为假)

所以,有些植物是多年生的。(I 判断为真)

(三)差等关系推理

根据差等关系,可以从全称判断真推出特称判断真,即有
$$SAP \rightarrow SIP \text{ 和 } SEP \rightarrow SOP;$$
也可以从特称判断假推出全称判断假,即
$$\overline{SIP} \rightarrow \overline{SAP} \text{ 和 } \overline{SOP} \rightarrow \overline{SEP}。$$

例如:

①所有的杨树都是植物,(A 判断为真)

所以,有的杨树是植物。(I 判断为真)

②所有的未成年人都不是年满十八周岁的人,(E 判断为真)

所以,有的未成年人不是年满十八周岁的人。(O 判断为真)

③并非有的鱼是不用腮呼吸的,(I 判断为假)

所以,并非所有的鱼都是不用腮呼吸的。(A 判断为假)

④并非有些杨树不是植物,(O 判断为假)

所以,并非所有的杨树都不是植物。(E 判断为假)

(四)矛盾关系推理

根据矛盾关系,可以从一个判断真推出另一个判断假,即有

$$SAP \rightarrow \overline{SOP}, SOP \rightarrow \overline{SAP}, SEP \rightarrow \overline{SIP}, SIP \rightarrow \overline{SEP};$$

也可以从一个判断假推出另一个判断真,即有

$$\overline{SAP} \rightarrow SOP, \overline{SOP} \rightarrow SAP, \overline{SEP} \rightarrow SIP, \overline{SIP} \rightarrow SEP。$$

例如:

①所有的杨树都是植物,(A 判断为真)

所以,并非有的杨树不是植物。(O 判断为假)

②有的鲜花的颜色不是红的,(O 判断为真)

所以,并非所有的鲜花的颜色都是红的。(A 判断为假)

③所有的唯物论者都不是有神论者,(E 判断为真)

所以,并非有的唯物论者是有神论者。(I 判断为假)

④有些水生动物是用腮呼吸的,(I 判断为真)

所以,并非所有的水生动物都不是用腮呼吸的。(E 判断为假)

⑤并非所有的人都是讲礼貌的,(A 判断为假)

所以,有的人不是讲礼貌的。(O 判断为真)

⑥并非有的海豚不是生活在水中的,(O 判断为假)

所以,所有的海豚都是生活在水中的。(A 判断为真)

⑦并非所有的大学生都不是喜欢踢足球的，(E 判断为假)

所以，有的大学生是喜欢踢足球的。(I 判断为真)

⑧并非有的无毒蛇是有毒的，(I 判断为假)

所以，所有的无毒蛇不是有毒的。(E 判断为真)

最后需要特别指出的是，在传统逻辑学中，通常把单称判断视为全称判断，然而单称肯定判断与单称否定判断之间的真假关系是矛盾关系，而全称肯定判断与全称否定判断之间的真假关系则是反对关系，也就是说，它们在真假关系上的性质是不同的。因此，在根据对当关系进行的直接推理中，由于根据不同，二者的推理也不完全相同。

六、直言判断变形的直接推理

所谓直言判断变形直接推理，具体是指通过改变直言判断的形式而得到一个新的直言判断的推理。其基本形式有换质法、换位法、换质位法和换位质法四种。

(一)换质法直接推理

所谓换质法直接推理，具体是指通过改变直言判断的质而得到一个新的直言判断的直接推理。要想正确使用换质法直接推理，就必须遵循如下推理规则：

(1)改变前提判断的质，即将肯定的联项改为否定的联项，或者将否定的联项改为肯定的联项。

(2)结论谓项是前提谓项的矛盾概念。

(3)原有主、谓项的位置不变，并不得改变其量项。

根据以上推理规则，A 判断、E 判断、I 判断和 O 判断这四种直言判断的具体换质推理可以归纳为 A 判断换质推理、E 判断换质推理、I 判断换质推理和 O 判断换质推理，其形式分别为

$$SAP \rightarrow SE\overline{P}, SEP \rightarrow SA\overline{P}, SIP \rightarrow SO\overline{P}, SOP \rightarrow SI\overline{P}.$$

例如：

①所有的 iPhone 手机都是电子产品,(原判断)

————————————————————————————————————

所以,所有的 iPhone 手机都不是非电子产品。(A 换质判断)

②生搬硬套不是好的逻辑推理方法,(原判断)

————————————————————————————————————

所以,生搬硬套是不好的逻辑推理方法。(E 换质判断)

③有些学生是优秀的,(原判断)

————————————————————————————————————

所以,有些学生不是不优秀的。(I 换质判断)

④有些共产党员是不遵守党纪国法的,(原判断)

————————————————————————————————————

所以,有些共产党员不是遵守党纪国法的,(O 换质判断)

需要明确的是,换质推理的前提与结论同真同假,前提蕴涵结论,结论也蕴涵前提,故而,二者可以互推。熟练地掌握换质法直接推理,有助于从肯定和否定两方面来思考同一对象,从肯定判断中显示其否定因素,从否定判断中显示其肯定因素,从而由肯定和否定两个方面使思想表达得更明确;并且,灵活地运用肯定或否定的形式来表达同一个思想内容,以增强表达的效果。

(二)换位法直接推理

所谓换位法直接推理,具体是指通过改变直言判断主、谓项的位置而得到一个新的直言判断的推理。要想正确使用换位法直接推理,必须遵守如下推理规则:

(1)调换原判断主、谓项的位置。

(2)原判断中不周延的词项,换位以后也不得周延。

(3)不改变原判断的联项。

除了 O 判断不能进行换位法直接推理以外,根据以上推理规则,其他三种直言判断的换位推理可以归纳为 A 判断换位推理、E 判断换位推理和 I 判断换位推理,其形式分别为

$$SAP \rightarrow PIS, SEP \rightarrow PES, SIP \rightarrow PIS。$$

例如:

①所有的行星都是天体,(原判断)

————————————————————————————————————

所以,有些天体是行星。(A 换位判断)

②所有侵略战争都不是正义战争,(原判断)

所以,所有正义战争都不是侵略战争。(E 换位判断)

③有些学生是共产党员,(原判断)

所以,有些共产党员是学生。(I 换位判断)

需要特别注意的是,在换位法直接推理中,SAP 换位后不能得到 PAS,因为 P 在前提中是不周延的,到结论中也不得周延。对 A 判断进行换位时,必须对主项进行量的限制,所以,A 判断应用限量换位法。E 判断和 I 判断主、谓项的周延情况相一致,所以,在对其换位时,只需直接调换原判断主、谓项的位置即可,这种方法被称为简单换位法。O 判断不能换位。因为 S 在前提中是不周延的,如果换位,S 在结论中作为否定判断的谓项就是周延的了,这违反换位规则。由于换位法推理是调换主、谓项的位置,因此,不仅可以改变认识的侧重点,而且还可以揭示原判断中主、谓项的周延情况,明确主、谓项的外延关系。

(三)换质位法直接推理

所谓换质位推理,具体是指在换质、换位推理基础上形成的一种新的变形推理,它是换质、换位方法的结合应用。在换质位推理过程中,换质时要遵守换质的推理规则,换位时要遵守换位的推理规则。换质位推理的有效逻辑形式有 A 判断换质位推理、E 判断换质位推理和 O 判断换质位推理,其形式分别为

$$SAP \rightarrow SE\overline{P} \rightarrow \overline{P}ES,$$
$$SEP \rightarrow SA\overline{P} \rightarrow \overline{P}IS,$$
$$SOP \rightarrow SI\overline{P} \rightarrow \overline{P}IS。$$

例如:

①所有犯罪行为都是违法行为,(SAP)

所以,所有犯罪行为都不是非违法行为,(换质得到 $SE\overline{P}$)

所以,所有非违法行为都不是犯罪行为。(换位得到 $\overline{P}ES$)

②所有的蛇都不是恒温动物，(SEP)

所以，所有的蛇都是非恒温动物，(换质得到 $SA\overline{P}$)

所以，有些非恒温动物是蛇。(换位得到 $\overline{P}IS$)

③有些学生不是遵守学校有关规定的，(SOP)

所以，有些学生是不遵守学校有关规定的，(换质得到 $SI\overline{P}$)

所以，有些不遵守学校有关规定的是学生。(换位得到 $\overline{P}IS$)

这里需要特别注意的是，SIP 不能进行换质位，因为 SIP 换质得到的是 SOP，而 O 判断不能换位。

（四）换位质法直接推理

所谓换位质法直接推理，具体是指以换位、换质为基础形成的一种变形推理。换质位变形推理从换质开始，换位结束；而换位质推理则从换位开始，换质结束。它是换位、换质的结合应用，也要遵守换位、换质的有关推理规则，只是两者的程序有所不同，其有效形式为

$$SAP \rightarrow PIS \rightarrow PO\overline{S},$$
$$SEP \rightarrow PES \rightarrow PA\overline{S},$$
$$SIP \rightarrow PIS \rightarrow PO\overline{S}。$$

这里不再列举有关换位质法直接推理的具体实例。需要特别注意的是，SOP 不能换位质，因为 O 判断不能进行换位。

另外，有时还可以对某个直言判断进行连续的换质位或换位质，直到满足需要为止。例如：

$$SAP \xrightarrow{\text{换质}} SE\overline{P} \xrightarrow{\text{换位}} \overline{P}ES \xrightarrow{\text{换质}} \overline{P}A\,\overline{S} \xrightarrow{\text{换位}} \overline{S}I\,\overline{P} \xrightarrow{\text{换质}} \overline{S}OP,$$

$$SEP \xrightarrow{\text{换位}} PES \xrightarrow{\text{换质}} PA\overline{S} \xrightarrow{\text{换位}} \overline{S}IP \xrightarrow{\text{换质}} \overline{S}O\overline{P}。$$

如果要判定从一个已知的前提能否运用判断变形推出一个给定的结论，那么，就可以从这个已知的前提出发，分别构造连续换质位推理或连续换位质推理。如果在推理的过程中推出了给定的结论，那么，该推理形式有效。如果两种方法在推理过程中

都没推出给定的结论，那么说明该推理形式无效。

通过判断变形直接推理，可以从一个真的直言判断推出一系列必然真的新直言判断，从而获得关于某类事物性质的全面、深刻的正确认识。总之，通过直言判断对当关系的直接推理和判断变形直接推理，使人们对事物及其现象以及内在关系有更加全面的认识。

第三节　直言判断的间接推理——三段论

一、直言三段论的定义和结构

直言间接推理也称直言三段论推理，简称直言三段论，它是借助于一个共同概念把两个直言判断联结起来，从而得出结论的演绎推理。在逻辑学中，直言三段论是一种最常见的演绎推理。

例如：

法律是统治阶级意志的体现，

刑法是法律，

所以，刑法是统治阶级意志的体现。

这个推理就是一个直言三段论。它通过"法律"这个词项为媒介，从"法律是统治阶级意志的体现"，"刑法是法律"这两个直言判断出发，推出了"刑法是统治阶级意志的体现"这个直言判断结论。

直言三段论是由三个直言判断组成的，其中两个判断是前提，一个判断是结论。两个前提中，使用着一个共同的概念。在上述实例中，"法律是统治阶级意志的体现"和"刑法是法律"两个判断是前提，"所以，刑法是统治阶级意志的体现"这个判断是结论。"法律"是两个前提中共同使用的一个概念。

直言三段论所包含的概念叫作词项，每个判断都有各自的主项和谓项,由于每个词项都重复出现了一次,所以,一个直言三段论实际上只有三个词项。这三个词项各有不同的位置,起着不同的作用,并有着不同的名称。结论中的主项叫小项,用字母 S 表示;结论中的谓项叫大项,用字母 P 表示;在前提中出现了两次、而在结论中不出现的词项叫中项,用字母 M 表示。直言三段论的结构一般可以表示为

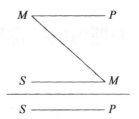

中项在前提中是不可缺少的,它在前提中的大项和小项之间起媒介作用,对最终结论的推得意义重大。两个前提分为大前提和小前提,含有大项的叫大前提,含有小项的叫小前提。一般说来,大前提表示一般原理,小前提表示具体场合,结论则是由一般性前提结合具体场合推导出来的。由于前提之间的联系是必然的,所以得出的结论也是必然的。由一般性前提推导出个别性结论,以及结论的必然性是直言三段论的两个重要特征。

二、直言三段论的公理

客观事物存在的一般和个别之间的必然联系,是直言三段论之所以能从两个前提必然地推出结论的客观基础,这种必然联系可以表述为直言三段论公理,即凡对一类事物的全部有所肯定或否定,则对该类事物中的部分或个别对象也有所肯定或否定。如图 4-4 所示,形象地表示出了直言三段论公理肯定方面的含义。该图表明,M 类全部都是 P,S 是 M 类中的一部分或个别对象,那么,S 当然也是 P。例如:

所有的中国人都是应该遵守中国法律的,

所有的中国共产党员都是中国人，

所以，所有的中国共产党员都是应该遵守中国法律的。

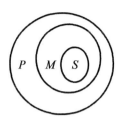

图 4-4　直言三段论公理肯定方面的含义

如图 4-5 所示，形象地表示出了直言三段论公理否定方面的含义。该图表明，M 类全部都不是 P，S 是 M 类中的一部分或个别对象，所以，S 也不是 P。例如：

哺乳动物都不是用鳃呼吸的，

鲸是哺乳动物，

所以，鲸不是用鳃呼吸的。

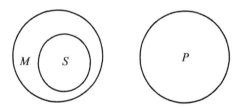

图 4-5　直言三段论公理否定方面的含义

直言三段论的形式有许多种，但一个有效的直言三段论归根结底都是以直言三段论的公理为依据的。

三、直言三段论的规则

直言三段论公理是直言三段论赖以成立的基本依据，但依据直言三段论公理难以直接断定一个直言三段论是否有效。直言三段论的规则是直言三段论公理的具体化。一个正确的直言三

段论必须遵守直言三段论的规则。概括起来,直言三段论的规则包括如下七条:

规则 1:一个正确的直言三段论有且只有三个词项。

该规则是由直言三段论的结构所决定的。一个正确的直言三段论,有且只有三个不同的词项,不能多,也不能少。如果少于三个词项,那么两个词项只能构成一个直言判断,或在直言判断基础上的直接推理(如换位法等),而不能构成作为间接推理的直言三段论。如果有四个词项,则可能大项与一个项发生关系,小项与另一个项发生关系,这样就会因为缺乏共同的中项而不能确定大、小项之间的关系。违反这一规则,通常会犯"四词项"的逻辑错误,主要表现为同一词语前后表达不同的概念,表面看是三个词项,实际上是四个词项。例如:

中国人民是真正的英雄,

我是中国人民,
_____

所以,我是真正的英雄。

这个直言三段论是无效的,因为大、小前提中的"中国人民"表达的是两个不同的概念。大前提中的"中国人民"是一个集合概念,指群众的整体;小前提中的"中国人民"是一个非集合概念,指中国人民这一类中的分子,因而犯了"四词项"的逻辑错误。

规则 2:直言三段论的中项在前提中至少要周延一次。

该规则是由直言三段论的中项的媒介作用决定的。由于中项是联系大、小项的媒介,这就要求中项在前提中至少有一次断定了它的全部外延,才能与大项或小项发生某种确定的联系,进而才能使直言三段论从前提得出必然的结论。如果中项在两个前提中一次也不周延,那么就可能使得大项与中项的一部分外延发生关系,而小项与中项的另一部分外延发生关系,这样,大项和小项的关系就无法确定,直言三段论就不能得出一个确定的结论。如图 4-6 的(a)~(e)所示,形象地表示出了直言三段论的这一规则。在图 4-6 的(a)~(e)中,S 与 P 都是仅与 M 的一部分外延发生联系,而 S 与 P 在全同关系、真包含于关系、真包含关系、交叉关系和全异关系等情况下都可以满足这一要求,因此,M 不周延,不能确定 S 与 P 的关系。违反这一规则,通常会犯"中项不周延"的逻辑错误。例如:

物理学家是学习物理学的,

所有物理学系的学生都是学习物理学的,

所以,所有物理学系的学生都是物理学家。

这个直言三段论是无效的,因为中项"学习物理学的"在两个前提中一次也不周延,犯了"中项不周延"的逻辑错误。

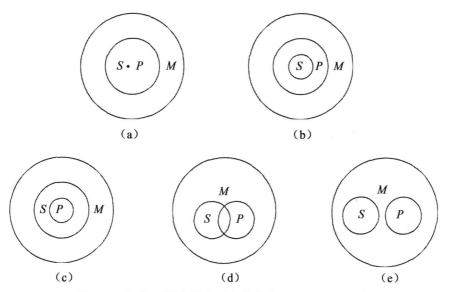

（a）　　　　　　　　　（b）

（c）　　　　　（d）　　　　　（e）

图 4-6　直言三段论的中项在前提中至少要周延一次

规则 3:直言三段论的前提中不周延的词项,在结论中也不得周延。

一个有效的直言三段论,结论中大项或小项被断定的范围,都不得超出前提中大项或小项被断定的范围。如果在前提中大项或小项是不周延的,则说明在前提中只是断定了它的部分外延,而如果它到了结论中变成周延的,说明它的全部外延都被断定了。这样,它在结论中所反映的事物范围就超出了它在前提中所反映的事物范围,因此结论不是必然的。违反这一规则,就会犯"大项或小项不当周延"的逻辑错误。例如：

①数学教师都要学习数学，

我不是数学教师，

所以，我不要学习数学。

②所有的恒星都是发光的，

恒星是天体，

所以，凡天体都是发光的。

这两个直言三段论都是无效的。在①中，大项"学习数学"在前提中作为肯定判断的谓项，是不周延的，但到结论中它是否定判断的谓项，变成周延的了，犯了"大项不当周延"的逻辑错误。在②中，小项"天体"在前提中作为肯定判断的谓项，是不周延的，但到结论中它是全称判断的主项，变成周延的了，犯了"小项不当周延"的逻辑错误。

规则 4：在直言三段论中，两个否定前提不能得出结论。

否定判断的主项和谓项是互相排斥的。如果直言三段论的两个前提都是否定的，那就意味着大项、小项都与中项相排斥。这样，中项不能在大项和小项之间起到媒介作用，从而无法确定大项和小项的关系。因此，两个否定前提不能得出必然结论。如图 4-7 的（a）～（e）所示，形象地表示出了直言三段论的这一规则。从图中可以看出，如果中项与大项、小项都排斥，那么大项（P）和小项（S）的关系就无法通过中项（M）来确定，二者可以是相容关系，也可以是不相容关系，因而不能得出必然结论。例如：

清华大学的本科学生不是北京大学的本科生，

学生甲不是清华大学的本科学生，

?

在这个直言三段论中，由于两个前提中的主项都和谓项排斥，中项"清华大学的本科学生"起不到联结大项"北京大学的本科生"和小项"学生甲"的作用，因此不能确定大项和小项之间的关系，所以不能得出必然的结论。

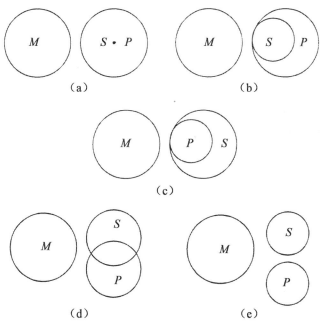

图 4-7 直言三段论中的两个否定前提不能得出结论

规则 5:在直言三段论中,如果前提中有一个是否定的,则结论是否定的;如果结论是否定的,则前提中必有一个是否定的。

在直言三段论中,如果两个前提中有一个是否定的,则另一个必是肯定的,因为两个否定前提不能得出结论。如果大前提否定,那么大项与中项被断定的外延不相容,而小项与中项被断定的外延相容。大项和小项中被断定的外延与中项被断定的那部分外延一个不相容,一个相容,因此它们之间也是不相容的,所以结论是否定的。同理,如果小前提是否定的,则结论是否定的。如果结论是否定的,则大项与小项在外延上不是全部就是部分是互相排斥的,说明前提中不是大项就是小项与中项在外延上是排斥的,所以,两个前提中必有一个是否定的。例如:

①凡不爱运动的学生都不是校运动队队员,

有的女生是不爱运动的,

所以,有的女生不是校运动队队员。

②凡校运动队队员都是爱运动的，

有的女生是不爱运动的，

所以，有的女生不是校运动队队员。

在①中，大前提否定，大项"校运动队队员"与中项"不爱运动的"是不相容的，而小项"女生"与中项"不爱运动的"是相容的，所以，"校运动队队员"必然与"女生"不相容，结论是否定的。在②中，小前提否定，大项"校运动队队员"与中项"爱运动的"是相容的，小项"女生"与中项"爱运动的"是不相容的，所以，"女生"必然与"校运动队队员"不相容，结论是否定的。

规则6：在直言三段论中，两个特称前提不能得出必然结论。

在直言三段论中，如果两个前提都是特称判断，那么两个前提的组合可以有以下三种：

（1）两个前提都是特称否定判断（OO），根据规则4不能得出必然结论。

（2）两个前提都是特称肯定判断（II），则由于两个前提中没有一个词项是周延的，不能满足规则2中项至少要周延一次的要求，因此不能得出必然结论。

（3）两个前提中一个是特称肯定判断，一个是特称否定判断（IO或OI），这样，前提中只有一个词项是周延的，即O判断的谓项。根据规则2，中项至少要周延一次，那么这个唯一周延的词项必须是中项，否则就会犯"中项不周延"的逻辑错误。这样一来，大项、小项在前提中都不周延。又根据规则5，前提中有一个是否定的，结论也是否定的。如果结论是否定的，那么作为否定判断的谓项即大项P是周延的，这样就犯了"大项不当周延"的逻辑错误。为了避免这一错误，就要把前提中唯一周延的词项确定为大项，但如果这样，中项又会一次也不周延，还是不能得出结论。

规则7：在直言三段论中，前提中有一个特称的，则结论也是特称的。

在直言三段论中，如果两个前提中有一个判断是特称的，那么两个前提的组合无非有如下四种：

（1）A 判断与 I 判断组合。在直言三段论的两个前提中一个是全称肯定判断（A），一个是特称肯定判断（I）。这种情况下，只有一个词项是周延的，即全称判断的主项是周延的。根据规则 2，这个唯一周延的词项只能充当中项，那么大项、小项在前提中就是不周延的，又根据规则 3，前提中不周延的词项在结论中不得周延，小项在结论中不周延。所以，结论一定是特称的。

（2）A 判断与 O 判断组合。在直言三段论的两个前提中，一个是全称肯定判断（A），一个是特称否定判断（O）。这种情况下，有两个词项是周延的，即 A 判断的主项和 O 判断的谓项。根据规则 2，中项在前提中至少要周延一次，那么，两个周延的词项之一必须充当中项。根据规则 5，前提中有一个否定，结论也是否定的。结论是否定的，则作为结论谓项的大项是周延的。大项在结论中周延，那么它在前提中也必是周延的，否则违反规则 3。这样，两个周延的词项，一个充当中项，一个充当大项，剩下的小项在前提中就是不周延的。根据规则 3，小项在前提中不周延，到结论中也不得周延，而小项又是结论的主项。所以，结论必然是特称的。

（3）E 判断与 I 判断组合。在直言三段论的两个前提中，一个是全称否定判断（E），一个是特称肯定判断（I）。这种情况下，有两个词项周延，而且根据规则 5，结论应当是否定的。与以 A 判断与 O 判断组合做前提的情况一样，两个周延的词项，一个充当中项，一个充当大项，小项不周延。所以，结论必然是特称的。

（4）E 判断与 O 判断组合。在直言三段论中，两个前提都是否定判断，明显违反了规则 4 的要求，是无效的。

上述即是直言三段论的一般规则，它们既是直言三段论进行有效推理必须遵守的，又是检验直言三段论正误的标准。如果违反了这些规则，哪怕只违反其中的一条，也不能正确地进行直言三段论推理。需要明确的是，以上前 5 条规则属于直言三段论的基本规则，后面两条属于导出规则，导出规则可以由基本规则证明。

四、直言三段论的格

所谓直言三段论的格,具体是指由于中项在前提中所处位置的不同而形成的不同的推理形式。由直言三段论的规则结合直言三段论各格的具体形式,可以推导出直言三段论各格的特殊规则。直言三段论共有如下四个格:

第一格:在直言三段论中,中项在大前提中是主项,在小前提中是谓项,其逻辑形式表示为

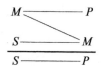

例如:

所有的唯物主义者都是不迷信的,

列宁是唯物主义者,

所以,列宁是不迷信的。

直言三段论各格的规则是直言三段论一般规则的具体体现,因此,可用一般规则证明各格的规则。第一格的规则及其证明过程如下:

(1)大前提必须全称。设大前提不是全称,而是特称,则特称前提的主项 M 是不周延的,由于 M 在第一格的小前提中是处于肯定判断的谓项,也不周延,这样就要犯“中项两次都不周延”的逻辑错误,故大前提只能全称不可特称。

(2)小前提必须肯定。设小前提不是肯定而是否定,根据“前提中有一否定结论也应否定”的规则,结论是否定的,否定结论的谓项 P 是周延的,根据在“前提中不周延的词项在结论中也不得周延”的规则,P 在大前提中也必须周延。由于 P 在第一格的大前提中处于谓项的位置,要使之周延,就应是否定判断的谓项,即大前提也应是否定的,这样一来,就会两个前提都否定,而两个否定前提是得不出必然结论的,故小前提必须肯定而不得否定。

第一格典型地表现了演绎推理由一般到特殊的思维过程,它是直言三段论的标准格和典型格,可以得 A,E,I,O 四种结论。第一格常用于证明某一判断的真实性,它把某特殊场合归到一般原则之下,根据一般原则来推导特殊性的问题。第一格对司法审判有特别重要的意义。法庭根据有关法律条款,结合具体案情,做出判决时,就使用第一格,因此第一格也叫审判格。

第二格:在直言三段论中,中项在大小前提中都是谓项,其逻辑形式表示为

例如:

所有的优秀共产党员都是遵守党纪国法的,

贪污腐败的共产党员不是遵守党纪国法的,

所以,贪污腐败的共产党员不是优秀共产党员。

第二格的规则如下:

(1)两个前提中必须有一个否定。

(2)大前提必须全称。

限于本书篇幅,这里不再赘述证明过程。

第二格的前提中总有一个是否定的,所以它的结论是否定的,用以说明一个事物不属于某一类,因此第二格常被用来指出事物之间的区别,因此又叫作区别格。同时第二格常被用来反驳与之相矛盾或反对的肯定判断。

第三格:在直言三段论中,中项在两个前提中都是主项,其逻辑形式表示为

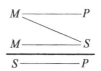

例如:

蝙蝠是能飞的,

蝙蝠是哺乳动物,

所以,有些哺乳动物是能飞的。

第三格的规则如下:

(1)小前提必须肯定。

(2)结论必须特称。

限于本书篇幅,这里不再赘述证明过程。

第三格只能得出特称结论,因此,当人们指出特殊情况来反驳与之相矛盾的全称判断时,常常使用第三格,因此又叫作反驳格。

第四格:在直言三段论中,中项在大前提中是谓项,在小前提中是主项,其逻辑形式表示为

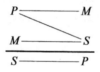

例如:

所有马克思主义者都是国际主义者,

所有的国际主义者都不是霸权主义者,

所以,霸权主义者不是马克思主义者。

第四格的规则如下:

(1)如果大前提肯定,那么小前提必须全称。

(2)如果前提中有一否定,那么大前提必须全称。

(3)如果小前提肯定,那么结论必须特称。

(4)任何一个前提都不能是特称否定。

(5)结论不能是全称肯定。

限于本书篇幅,这里不再赘述证明过程。

第四格在人们认识事物、表达思想的活动中虽然也有某种作用,但它的实践意义不大,也不经常使用。

五、直言三段论的式

所谓直言三段论的式,具体就是指 A,E,I,O 四种判断在前提和结论中各种不同组合所构成的直言三段论的形式,即由于直言三段论前提和结论质和量的不同所构成的不同形式。例如:

所有的生物体内都含有有机物,(A)

所有的动物都是生物,(A)

所以,所有的动物体内都含有有机物。(A)

组成这个直言三段论推理的大、小前提和结论都是 A 判断,所以称之为 AAA 式。

又如:

所有的住房都不是用来供投机者炒作牟利的,(E)

所有的商品房都是住房,(A)

所以,所有的商品房都不是用来供投机者炒作牟利的。(E)

组成这个直言三段论推理的大前提是 E 判断,小前提是 A 判断,结论是 E 判断,所以称之为 EAE 式。

由于每一个直言三段论都是由三个直言判断组成,而每一个直言判断又都可以代入 A,E,I,O 四种不同的判断,因此,把直言三段论的三个判断按质和量的不同排列组合,在理论上可以有 $4×4×4=64$ 个组合式。但是在这 64 式中,并非都是有效式,其中绝大多数是违反直言三段论规则的无效式,具体如下:

(1)违反直言三段论规则 4,"两个否定前提无法得出结论"的有 16 式,即两个前提分别是 EE、EO、OE、OO 的四大组。

(2)违反直言三段论规则 6,"两个特称前提不能得出结论"的有 12 式,即两个前提分别是 II、IO、OI 的三大组。

(3)违反直言三段论规则 5,前提中有一个否定,却得出肯定结论的有 12 式,即 AEA、AEI、AOA、AOI、EAA、EAI、EIA、EII、IEA、IEI、OAA、OAI。

(4)违反直言三段论规则 7,前提中有一个特称,却得出全称结论的有 8 式,即 *AIA*、*AIE*、*AOE*、*EIE*、*IAA*、*IAE*、*IEE*、*OAE*。

(5)违反直言三段论规则 5,结论是否定的,前提却都是肯定的有 4 式,即 *AAE*、*AAO*、*AIO*、*IAO*。

(6)违反三段论规则 3,犯了"大项不当周延"的逻辑错误,有 *IEO* 式。

如果把这 53 个无效式去掉,有效式仅有 11 个。它们是 *AAA*、*AAI*、*AEE*、*AEO*、*AII*、*AOO*、*EAE*、*EAO*、*EIO*、*IAI*、*OAO*。即使是这 11 个有效式,也并不是在每个格中都是有效的。按照三段论各个格的特征和规则,把这 11 个有效式分配到 4 个格中,共有 24 个式:

第一格:*AAA*、(*AAI*)、*AII*、*EAE*、(*EAO*)、*EIO*。

第二格:*AEE*、(*AEO*)、*AOO*、*EAE*、(*EAO*)、*EIO*。

第三格:*AAI*、*AII*、*EAO*、*EIO*、*IAI*、*OAO*。

第四格:*AAI*、*AEE*、(*AEO*)、*EAO*、*EIO*、*IAI*。

其中 5 个带括号的式叫作弱式。所谓弱式就是指根据前提条件,本来可以得出全称结论却得出特称结论的式。例如,第一格中的 *AAI* 式,结论本来可以得 *A* 判断,可是得出的却是 *I* 判断,这就是弱式。弱式本身并不错,但就推理而言,它没有将应该推出的东西全部显示出来,因此弱式是一个不完全的推理。如果不计这五个弱式,那么分配到 4 个格中的有效式共有 19 个。

六、直言三段论的省略式

除前面已讨论过的简单形式之外,直言三段论的形式还有一些较复杂的形式,有复合式、连锁式、带证式等。只要能较熟练地掌握直言三段论的简单形式及其规则,直言三段论的复杂形式也就不难拆解它,并能正确地分析和运用它。因此,在这里不再讨论直言三段论的复杂形式,着重讨论直言三段论的省略形式。

在日常思维活动中,在表达思想时,人们常常省略直言三段论中的某部分,而只出现其中的两部分,这就是直言三段论的省略式。直言三段论的省略式具体有如下三种：

（1）省略大前提的形式。例如：

我们是马克思主义者，

———————

所以，我们要实事求是。

这个直言三段论中省略了大前提"马克思主义者都要实事求是"。省略大前提的省略式，一般由于大前提是众所周知的。

（2）省略小前提的形式。例如：

真理是不怕批评的，

———————

所以，马克思主义不怕批评。

这个直言三段论中省去了小前提"马克思主义是真理"。省略小前提的省略式，往往由于小前提是不言而喻的。

（3）省略结论的形式。例如：

我们的事业是正义的，

正义的事业是永远也攻不破的。

这个直言三段论中省去了结论"我们的事业是永远也攻不破的"。省略结论的省略式，是因为结论是明显的，不说出来反而更有力。省略式的好处在于简明有力，但其被省略的部分可能掩盖着错误。为了揭露错误，就需要把被省略的判断恢复起来，来判明它是否正确。例如：

他犯过错误。

———————

所以，他是不值得信任的。

在这个直言三段论中，如果把被省略的部分恢复起来，就是"所有犯过错误的人都是不值得信任的"这样一个判断，这样一个大前提显然是错误的。

在具体实践中，把省略式的省略部分恢复起来的具体步骤如下：

（1）确定哪些是前提，哪个是结论。这可根据上、下文的意思和词语的标志看出来。一般来讲，在连词"因为"后面的是前提，在"所以"后面的是结论。如果没有结论，可由两个前提根据规则推出结论,推不出时就说明省略式不能成立。

（2）如果有结论,就可以根据小词和大词来鉴别省略的是小前提还是大前提。如果未被省略的前提中含有大词,那么这个前提便是大前提,被省略的前提必是小前提。如果未被省略的前提是含有小词的小前提,那么被省略的前提必是大前提。

（3）把省略的那个前提恢复起来。如果恢复的是大前提,就将结论中的谓项和中项相连构成一个判断。如果恢复的是小前提,就将结论中的主项和中项相连构成一个判断。如上面的例子,把结论的谓项"不值得信任"与中项"所有犯过错误的人"联结起来,"所有犯过错误的人都是不值得信任的"就是被恢复了的大前提。

第四节　关系判断及其推理

一、关系判断

（一）关系判断的定义与结构

在现实世界中,事物除了本身具有某种性质、属性外,事物与事物之间存在着一定的关系,人们对这些关系的认识就产生了关系判断。所谓关系判断,就是断定对象与对象之间具有某种关系的判断。例如:

①张先生与李先生在谈话。

②李平控告了她的丈夫。

③有的选民选了所有的候选人。

④人民法院的工作和人民检察院的工作是密切联系的。

关系判断由关系主项、关系项和量项三个部分组成。

关系主项是指被断定的某种关系的承担者的概念。例如,在

①中，"张先生""李先生"是"谈话"的承担者；在②中，"李平""她的丈夫"是"……控告……"关系的承担者；在③中，"选民""候选人"是"……选了……"关系的承担者；在④中，"人民法院的工作""人民检察院的工作"是"……和……密切联系"关系的承担者。

关系项是指关系判断中断定的某种关系的概念。例如，上述实例中的"谈话""控告""选了""……和……密切联系"。

量项是表示关系主项的数量的概念。例如，③中的"有的""所有的"。

在逻辑学上，常用小写字母 $a,b,c,\cdots$ 等来表示关系主项，用大写字母 R 表示关系项，则关系判断的逻辑形式可以表示为：所有的（或有的）a、所有的（有的）b、所有的（有的）c、……有 R 关系，或者表示为 $R(a,b,c,\cdots)$。特别地，当关系主项只有两项的时候，关系判断可以表示为 $R(a,b)$ 或 aRb。

（二）关系判断的种类

客观事物之间的关系是多种多样的，因此，反映对象之间的关系的关系判断也是多种多样的。在各种极不相同的具体关系判断中，却存在着一些共同的逻辑关系。接下来讨论几种比较常见的关系形式：

（1）对称关系。所谓对称关系，具体是指在两个（类）事物之间，如果一个（类）事物与另一个（类）事物有着某种关系，并且另一个（类）事物与这个（类）事物也有着同样的关系，则这两个（类）事物之间的关系叫作对称关系。以公式表示，即 $R(a,b)$ 成立，则 $R(b,a)$ 也成立。例如：

甲是乙的同学，
_____

则乙也是甲的同学。

在这个判断中，同学关系就是对称关系。

另外，还有如两个概念之间的"同一""交叉""全异"等关系，两个判断之间的"反对""矛盾"等关系，也是对称的。

（2）传递关系。所谓传递关系，具体是指如果甲事物与乙事

物有某种关系,而乙事物又与丙事物也有某种关系,则甲事物与丙事物也有这种关系。例如:

长江比黄河长,

黄河比黑龙江长,

所以,长江比黑龙江长。

在这个判断中,"比……长"是一种传递关系。

如果用公式表示传递关系,则为:如果 $R(a,b)$ 并且 $R(b,c)$ 成立,则 $R(a,c)$ 成立。其他如"小于""大于""在……前""在……之后""早于""晚于""相等""平行""包含"等,都可构成传递关系。

(3)反对称关系。所谓反对称关系,具体是指一事物对另一事物具有某种关系,而另一事物对前一事物必然不具有此种关系时,那么,这两个事物之间的关系就是反对称关系。例如:

地球大于月球,

则就不可能月球大于地球。

也就是说,如果公式 $R(a,b)$ 成立,则公式 $R(b,a)$ 必然不成立。其他如"小于""重于""少于""侵略""剥削""在……之上"等,也都是反对称关系。

(4)反传递关系。所谓反传递关系,具体是指如果甲事物与乙事物有某种关系,乙事物与丙事物也有某种关系,则甲事物与丙事物一定无此种关系,例如:

甲是乙的母亲,

乙是丙的母亲,

所以,不可能甲是丙的母亲。

在这个判断中,"是母亲"的关系就是一种反传递关系。也就是说,如果公式 $R(a,b)$ 并且 $R(b,c)$ 成立,则 $R(a,c)$ 必然不成立。其他如"是父亲""是儿子"等,也都可构成这种反传递关系。

(5)非对称关系。所谓非对称关系,具体是指如一事物对另一事物有某种关系,而另一事物既可对前一事物具有这种关系,也可以不具有这种关系。也就是说,如果公式 $R(a,b)$ 成立,则公

式 $R(b,a)$ 不一定成立。例如:张三佩服李四。这里的"佩服"关系就既不是对称的,也不是反对称的。因为,当张三佩服李四时,李四也可能佩服张三,也可能不佩服张三。因此,"佩服"就是一种非对称关系。其他如"认识""尊重""喜欢""赞美""信任""支援""帮助"等关系,都是非对称关系。

(6)非传递关系。所谓非传递关系,具体是指如果甲事物对乙事物有某种关系,乙事物对丙事物同样有某种关系,则甲事物对丙事物可能具有这种关系,也可能不具有这种关系。也就是说,如果公式 $R(a,b)$ 并且 $R(b,c)$ 成立,则 $R(a,c)$ 不一定成立。例如,"认识""喜欢"等,就属于非传递关系。不能因为甲喜欢乙,乙喜欢丙,就断定甲一定喜欢丙。

关系判断断定的是事物、现象之间的关系,而事物、现象之间的关系是复杂多样的,要确定某关系有无某一逻辑特性,必须先对事物之间发生该关系的情况具有足够的经验或认识。这种认识,对于社会科学,特别是对于以经济交往关系为研究对象的经济科学是必要的。例如:各种合同关系就有不同的特征,互易合同、合伙合同是对称关系,储蓄和小件寄存合同是反对称关系;赠予合同是非对称关系。只有掌握了这些关系的特征,才能进行正确的推理。

二、关系推理

关系判断的推理简称关系推理。具体地说,所谓关系推理,就是已知若干关系判断,推出一个新的关系判断的简单判断推理。例如:

学生甲的数学成绩比学生乙好,

学生乙的数学成绩比学生丙好,

所以,学生甲的数学成绩比学生丙好。

传统逻辑对关系推理的研究还处于初步阶段。以下只讨论不涉及个体域、不包含量项的二元关系判断的推理。

（一）对称性关系推理

对称性关系推理包括以下几种：

（1）对称关系推理。对称关系断定，当任意对象 a 与 b 具有某种关系时，反过来 b 与 a 也必然具有此种关系。因此，已知任意对象 a 与 b 具有 R 关系，就可推知 b 与 a 也具有 R 关系，即有：

R 是一个对称关系，

$R(a,b)$（a 与 b 为任意个体对象），

所以，$R(b,a)$。

例如：

朋友关系是一个对称关系，

小李是小刘的朋友，

所以，小刘也是小李的朋友。

（2）反对称关系推理。反对称关系断定，当任意对象 a 与 b 具有某种关系时，反过来 b 与 a 必然不具有此种关系。因此，已知任意对象 a 与 b 具有 R 关系，就可推知 b 与 a 不具有 R 关系，即有：

R 是一个反对称关系，

$R(a,b)$（a 与 b 为任意个体对象），

所以，$R(b,a)$ 不成立，即 $\overline{R}(b,a)$。

例如：

父子关系是一个反对称关系，

老张是小张的爸爸，

所以，小张一定不是老张的爸爸。

（二）传递性关系推理

传递性关系推理包括以下几种：

（1）传递关系推理。传递关系断定，当任意对象 a 与 b、b 与 c 之间都具有某种关系时，a 与 c 也必然具有此种关系。因此，已知

任意对象 a 与 b、b 与 c 之间都具有 R 关系,就可推知 a 与 c 也具有 R 关系,即有:

R 是一个传递关系,

$R(a,b)$(a 与 b 为任意个体对象),

$R(b,c)$(b 同上,c 为任意个体对象),

所以,$R(a,c)$。

例如:

大于关系是一个传递关系,

156 大于 123,

123 大于 96,

所以,156 大于 96。

(2)反传递关系推理。反传递关系断定,当任意对象 a 与 b、b 与 c 之间都具有某种关系时,a 与 c 必然不具有此种关系。因此,已知任意对象 a 与 b、b 与 c 之间都具有 R 关系,就可推知 a 与 c 不具有 R 关系,即有:

R 是一个反传递关系,

$R(a,b)$(a 与 b 为任意个体对象),

$R(b,c)$(b 同上,c 为任意个体对象),

所以,$R(a,c)$ 不成立,即 $\overline{R}(a,c)$。

例如:

母女关系是一个反传递关系,

王慧是张静的母亲,

张静是丁兰的母亲,

所以,王慧一定不是丁兰的母亲。

(三)混合关系推理

混合关系推理是以一个关系判断和一个直言判断为前提,推出一个关系判断为结论的推理。其具体逻辑形式有如下几种:

①所有 a 与所有 b 有 R 关系,

所有 c 是 a,

所以,所有 c 与所有 a 有 R 关系。

②所有 a 与所有 b 有 R 关系,

所有 c 是 b,

所以,所有 a 与所有 c 有 R 关系。

例如:

①所有甲班学生都比所有乙班学生成绩好,

所有 A 组学生都是甲班学生,

所以,所有 A 组学生都比所有乙班学生成绩好。

②所有甲班学生都比所有乙班学生成绩好,

所有 B 组学生都是乙班学生,

所以,所有甲班学生都比所有 B 组学生成绩好。

上述推理中大前提和结论是两项关系判断,小前提是直言判断,所以称为混合关系推理。其中,有一个关系项在两个前提中都出现,这个关系项的作用相当于直言三段论中起媒介作用的中项。混合关系推理的形式与三段论相似,所以,又可以称作关系三段论。混合关系推理有以下几条规则:

(1)前提中的直言判断必须是肯定判断。

(2)作为中项的关系项至少要周延一次。

(3)前提中不周延的词项,在结论中也不能周延。

(4)如果前提中关系判断是肯定的,则结论中的关系判断也应该是肯定的;反之,如果前提中的关系判断是否定的,则结论中的关系判断也应该是否定的。

(5)如果关系 R 是不对称的,则前提中作关系项的前项(或后项),在结论中也应该相应地作关系项的前项(或后项)。

一个混合关系推理,若是违反了以上五条规则中的任何一条,该推理就是不正确的。

关系推理是日常思维与语言中常用的一种推理。人们在科学研究中,在学习与工作中,在日常生活中,都要运用这种推理。

例如,美国大发明家爱迪生有一次做实验,需要了解一个灯泡的容量,他让助手量一下,助手拿着灯泡翻来覆去量了半个小时,仍然量不出来。爱迪生等急了,就叫助手将灯泡盛满水,然后把水倒入量杯里,看一下量杯的刻度,灯泡的容量就测出来了。爱迪生在这里也运用了一个关系推理:

灯泡的容量等于盛满灯泡的水的体积,

盛满灯泡的水的体积等于这些水倒在量杯内测得的体积,

所以,灯泡的容量等于盛满灯泡的水倒在量杯内测得的体积

这个推理就是根据"等于"关系的传递性质推出结论的传递关系推理。

第五章　必然性推理：复合判断及其推理

前面讨论了简单判断及其推理，然而，在理论与实际应用中，所涉及的更多的是复合判断及其推理。把单个的判断作为不再分析的整体，用判断联结词把这些判断联结起来，组成更复杂的判断，简称"复合判断"。复合判断是包含其他判断的判断，它通常是由两个或两个以上的简单判断组成的。复合判断根据所用的联结词的性质不同可分为联言判断、选言判断、假言判断以及负判断等。本章就展开对复合判断及其推理方法的讨论。

第一节　联言判断及其推理

一、联言判断的定义与逻辑结构

所谓联言判断，具体就是指同时对两种或两种以上事物情况都加以判断的复合判断。例如：

①学生甲不但不尊敬老师，反而辱骂老师。

②事态很快被控制了，而且朝着好的方向发展。

联言判断一般是以"……并且……""既……也……""不仅……而且……""虽然……但是……"等联结词来表达。这些联结词在自然语言中虽然表达了并列、转折、递进等关系，但从逻辑上看，都是同时断定了几种事物情况的存在，都具有"并且"一词所表达的意义。有时表达联言判断，并不需要联结词，只是两个

以上的语句。联言判断所断定的情况称为联言肢。一般地,联言判断的语句表现形式有下面几种情况:

(1)联主式。即各联言肢主项相同而谓项不同。例如:

①企业法人终止,应当到登记机关办理注销登记并公告。

②员工下班,应当到考勤处打卡。

(2)联谓式。即各联言肢谓项相同而主项不同。例如:

①人民法院、人民检察院和公安机关应当保障诉讼参与人依法享有诉讼权利。

②国家有关部门和企业都应该保障劳动者的合法权益。

(3)联主谓式。即各联言肢的主、谓项都不同。例如:

法人的民事权利能力和行为能力,从法人成立时产生,到法人终止时消灭。

联言判断的一般形式是:p 并且 q,其中的 p 和 q 表示肢判断,"并且"是联结词。在数理逻辑中,联言判断的联结项用符号"∧"(读作"合取")表示。这样,联言判断的逻辑形式也可表示为 $p \wedge q$,而 p 与 q 称为合取肢。

在日常语言中,联言判断也可表述为"既是 p 又是 q""不但 p 而且 q""不是 p 而是 q""既要 p 又要 q""一方面 p 又一方面 q""不仅 p 也 q"等。如果一个联言判断的两个肢判断具有相同的主语或谓语时,为表达的简洁,可以适当省略其相同的部分。例如,"李白和杜甫都是诗人"。

二、联言判断的真假值

任何判断都或是真的,或是假的,这种或真或假的性质叫作判断的真假值,或叫作判断的逻辑值,复合判断也不例外。

联言判断是断定几种事物情况都存在的判断。所以,一个联言判断的真假,取决于组成它的各个联言肢的真假。当且仅当联言判断的各个联言肢都真时,该联言判断才是真的;只要有一个联言肢是假的,那么,该联言判断就是假的。例如,"地球上有花草树木,月球上也有花草树木",这个判断中有一个肢判断假,所以该判断假;"地球上没有花草树木,月球上有花草树木",这个判断的两个肢判断都假,所以该判断假;"地球上有花草树木,月球上没有花草树木",这个判断的两个肢判断都真,所以该判断真。联言判断的真假与其联言肢的真假之间的关系可用表 5-1 来表示。

表 5-1　联言判断的真假与其联言肢的真假之间的关系

p	q	$p \wedge q$
真	真	真
真	假	假
假	真	假
假	假	假

表 5-1 称为联言判断的真值表。其他复合判断也用类似的表来表示其真假情况。一个复合判断的真值表,显示了其肢判断的真假与其本身真假之间的关系,揭示了一种复合判断的逻辑特征。

通过联言判断真值表可以看出,一个联言判断真,必须所有联言肢都真;一个联言判断假,只要有一个联言肢假。

例如,给出如下已知条件:

①《神鞭》的首次翻译出版用的或者是英语或者是日语,二者必居其一。

②《神鞭》的首次翻译出版或者是在旧金山或者是在东京,二者必居其一。

③《神鞭》的译者或者是林浩如或者是胡乃初,二者必居其一。

试判断以下哪项也一定是真的:

①《神鞭》不是林浩如用英语在旧金山首次翻译出版的,因此,《神鞭》是胡乃初用日语在东京首次翻译出版的。

②《神鞭》是林浩如用英语在东京首次翻译出版的，因此，《神鞭》不是胡乃初用日语在东京首次翻译出版的。

③《神鞭》的首次翻译出版是在东京，但不是林浩如用英语翻译出版的，因此，一定是胡乃初用日语翻译出版的。

根据已知条件，《神鞭》的译者要么是林浩如，要么是胡乃初；首次翻译出版要么是在旧金山，要么是在东京；语言要么是日语，要么是英语。第一句断定否定的是"林浩如用英语在旧金山"这三者的组合，根据联言判断断定的特点，几种情况中只要至少有一种情况不是事实，整个联言判断就不会是事实，故否定联言判断。但不能确定是哪个联言肢为假，因此，也就不能确定是"胡乃初用日语在东京首次翻译出版的"；同理，第三句断定仅仅否定了"不是林浩如用英语翻译出版的"，并不能确定"一定是胡乃初用日语翻译出版的"；而第二句断定肯定了"林浩如""用英语""在东京"，因此就能确定"不是胡乃初用日语在东京首次翻译出版的"了。故而，判断②是真的，其他两个判断是假的。

最后，将使用联言判断要注意的几个问题总结如下：

(1)联言联结词的使用要恰当。联言判断是对各种共同存在的事物情况的概括反映，而共同存在的事物情况之间的关系是有区别的。这种区别表现为并列关系、连贯关系（承接关系）、递进关系、转折关系。其语言形式则是并列复句、连贯复句、递进复句、转折复句。所以，在语言运用中，要根据联言肢之间的实际关系选择恰当的关联词语来表达。如果关联词语用得不对，有时虽然不至于导致判断虚假，但影响判断的恰当性。

(2)注意联言肢之间的联系和排列顺序。逻辑学中的联言判断和日常语言中的联言判断有不同的要求。逻辑学要求只要联言肢都真，联言判断就真；而日常语言中，还要求联言肢与联言肢之间要有一定的联系。另外，还要注意联言肢之间的先后顺序，在逻辑上，联言判断的联言肢可以互换位置而不失其真，这是联言判断的逻辑性质决定的。但是，在使用中，由于联言肢之间存在着不同的具体关系，其位置常常是不能互换的。

（3）联言肢不能重叠。联言判断的各个联言肢应各自独立，其断定内容不能重复，否则，就会造成"联言肢多余"。

（4）要正确区分和使用联言判断的省略形式。联言判断在语言表达中经常使用省略形式，有省去联结词的形式，有省去支判断的主项或谓项的某一部分的形式。

总之，联言判断的省略形式是多种多样的，要善于根据语境识别省略的部分并加以补充。在语言表达中，要正确使用省略形式，该省略的要省略，不该省略的不能省略。

三、联言推理

（一）联言推理的含义

联言推理就是根据联言判断的逻辑性质进行的推理，它的前提或结论是一个联言判断。例如：

毛泽东是政治家，

毛泽东是军事家，

————————————————————

所以，毛泽东既是政治家又是军事家。

这就是一个联言推理，它的结论是一个联言判断。它是根据前提中的两个性质判断都真，从而推出一个以这两个性质判断作肢判断的联言判断真的联言推理。

通过上述实例容易看出，联言判断的逻辑特征在于，一个联言判断是真的，而且仅当它的各个联言肢都是真的。联言推理根据联言判断这一断定特征来进行推理，因此有两种基本形式，即分解式与合成式。

（二）联言推理的分解式

联言推理的分解式是以一个联言判断为前提，以这个联言判断的肢判断为结论的联言推理式。以两个联言肢为例，联言推理的分解式的逻辑形式为

$$\frac{p \text{ 并且 } q,}{\text{所以,} p。} \quad \text{或} \quad \frac{p \text{ 并且 } q,}{\text{所以,} q。}$$

以上两式也可以用符号表示为

$$\frac{p \wedge q,}{\text{所以,} p。} \quad \text{或} \quad \frac{p \wedge q,}{\text{所以,} q。}$$

如果用蕴涵式表示,则为$(p \wedge q) \rightarrow (p \vee q)$。

例如:

$$\frac{\text{我们的大学生要品学兼优,}}{\text{所以,我们的大学生要有品德。}}$$

(三)联言推理的合成式

联言推理的合成式是以两个或两个以上的判断为前提,以这几个判断所构成的联言判断为结论的联言推理式。以两个联言肢为例,联言推理的逻辑形式为

$$\frac{\begin{matrix} p, \\ q, \end{matrix}}{\text{所以,} p \text{ 并且 } q。} \quad \text{即} \quad \frac{\begin{matrix} p, \\ q, \end{matrix}}{\text{所以,} p \wedge q。}$$

如果用蕴涵式表示,则为$(p, q) \rightarrow (p \wedge q)$。

例如:

$$\frac{\begin{matrix} \text{每个科学发现都给科学知识增加了新的内容,} \\ \text{每个科学发现都使人了解到自然界更多的方面,} \end{matrix}}{}$$

所以,每个科学发现都给科学知识增加了新的内容,并且使人了解到自然界更多的方面。

最后需要特别指出的是,联言推理虽然十分简单,但在思维活动中却是常见的推理形式。运用联言推理的分解式,可以帮助人们由对事物的总体认识达到对事物的个别认识;运用联言推理的组合式,可以帮助人们由对事物的部分认识达到对事物的综合认识。

第二节　选言判断及其推理

一、选言判断的含义

选言判断是断定几种事物情况中至少有一种事物情况存在的判断，它也是复合判断的一种形式。例如：

①或者是因为天气原因，或者是因为过节的原因，小店的客人比往常少。

②要么东风压倒西风，要么西风压倒东风。

③杀人可能是出于故意，也可能是因为过失。

选言判断实际上是对事物情况之间存在的选择关系的断定，它断定了几种可能情况的存在。组成选言判断的肢判断称为选言肢。选言肢一般是由"或者……或者……""要么……要么……""不是……就是……""可能……也可能……"等联结词联结。

选言判断断定了各选言肢所反映的事物情况中至少有一种情况是存在的，但究竟是哪一种情况存在，它并没有断定，这是选言判断的重要特征。

二、选言判断的种类

对于选言判断，根据各个选言肢之间能否相容并存，可以将其分为相容选言判断和不相容选言判断两大类。

（一）相容选言判断

所谓相容选言判断，指的是断定其选言肢可以同真的选言判断。例如：

①学生甲的数学成绩不好的原因或是由于基础差,或是由于方法不当,或是由于学习态度有问题。

②电视剧《人民的名义》或者剧情动人,或者表演精彩。

判断①是一个三肢的选言判断,学生甲的数学成绩不好的原因可能是三个原因中的某一个,也可能是其中某两个甚至是全部;判断②是一个两肢的选言判断,电视剧《人民的名义》或者是剧情动人,或者是表演精彩,或者是既剧情动人又表演精彩。这两个选言判断实际上是断定其中至少有一个原因存在,即至少有一个选言肢为真。

对于一个二肢的相容选言判断,可以用"p 或者 q"表示。其中 p 与 q 分别表示选言判断的肢判断,"或者"为联结词,在现代逻辑中,"或者"用符号"$\vee$"来表示,读作"相容析取",因此一个二肢的相容选言判断也可用"$p \vee q$"来表示。在自然语言中还可以用"也许……也许……""或……或……""可能……可能……"等来表示。对于一个三肢的相容选言判断,其结构形式则可以表示为 $p \vee q \vee r$,其中的联结词"$\vee$"读作"相容析取",p,q,r 分别代表三个不同的选言肢。

一个相容选言判断的真假是由选言肢的真假所决定的。具体地,一个相容选言判断为真,则它的各个选言肢中至少有一个选言肢所反映的事物情况是存在的。也就是说,这个选言判断肢判断中至少有一个为真;只有当全部选言肢所反映的事物情况都不存在,或者说全部选言肢都为假时,这个选言判断才是假的。例如,"小张或是喜欢看网络视频,或是喜欢打游戏。"这个选言判断如果是真的,那么"小张喜欢看网络视频"与"小张喜欢打游戏"这两个肢判断中至少应有一真;如果这两个肢判断都是假的,那么这个选言判断就一定是假的。

一个相容选言判断的真假与构成它的各个肢判断的真假的对应关系可以用表 5-2 来表示,该表称为相容选言判断的真值表。

表 5-2　相容选言判断的真值表

p	q	$p \vee q$
真	真	真
真	假	真
假	真	真
假	假	假

（二）不相容选言判断

所谓不相容选言判断,指的是断定其选言肢不能同真的选言判断,即含有不能相容并存的选言肢的选言判断。例如:

①犯罪或是故意犯罪,或是过失犯罪,二者必居其一。

②一个人的血型要么是 A 型,要么是 B 型,要么是 O 型,要么是 AB 型。

上述两个选言判断中,①是一个二肢的不相容选言判断,这个选言判断断定犯罪只有故意犯罪和过失犯罪两种。②是一个四肢的不相容选言判断,这个选言判断实际上是断定一个人的血型只能是 A 型、B 型、O 型和 AB 型这四种类型中的一种,不能同时是两种或几种。一个二肢的不相容选言判断,可用"要么 p,要么 q"表示,也可用"$p \dot{\vee} q$"表示。"$\dot{\vee}$"读作"不相容析取",p 和 q 分别代表两个不同的选言肢。"$\dot{\vee}$"在自然语言中通常用"不是……就是……""要么……要么……"来表示,也可以用"或者……或者……""也许……也许……"等表示。而一个四肢的不相容选言判断的结构形式是"$p \dot{\vee} q \dot{\vee} r \dot{\vee} s$",其中 p,q,r,s 分别代表四个不同的选言肢。

一个不相容选言判断的真假是由它肢判断的真假所决定的。一个不相容选言判断为真,则它的各个选言肢所反映的事物情况中有一个且只有一个是存在的。也就是说,这个选言判断肢判断中有一个且只有一个为真。如果这些肢判断中有不止一个为真或者全部都是假的时,这个不相容选言判断就是假的。例如,"这件文物不是唐代的,就是宋代的。"这个选言判断如果是真的,那么,"这件文物是唐代的"与"这件文物是宋代的"这两个判断中便有一个且只能有一个事物情况是存在的。如果这两个肢判断所反映的事物情况都存在或者都不存在的话,那么这个选言判断就是假的。

一个不相容选言判断的真假与构成它的各个肢判断的真假的对应关系可以用表 5-3 来表示,该表称为不相容选言判断的真值表。

表 5-3　不相容选言判断的真值表

p	q	$p \dot\vee q$
真	真	假
真	假	真
假	真	真
假	假	假

在逻辑推理过程中,必须注意区分相容选言判断和不相容选言判断。相容选言判断和不相容选言判断有相同之处,也有不同之处。相同之处是:有而且只有一个选言肢真时,二者都真;当所有选言肢假时,二者都假。不同之处是:当有两个以上选言肢真时,相容选言判断仍然真,不相容选言判断却是假的。所以,在使用时必须区别这两种选言判断,不能混淆。在语言表达中,也要选择恰当的选言联结词来表达选言判断。

三、正确使用选言判断

为了正确使用选言判断进行逻辑推理,必须注意以下几个重要事项:

(1)选言肢当穷尽的必须穷尽。一个选言判断真,就是它的选言肢中包括了真肢,否则,它就是假的。所以,要使一个选言判断真,其选言肢一定要把真的选言肢包括进来而不能遗漏。而要不遗漏真肢,就有个选言肢穷尽的问题。所谓选言肢穷尽,是指在特定范围内,选言判断的选言肢把所有可能的事物情况都列举出来而没有遗漏,否则,就是不穷尽。如果一个选言判断的选言肢不穷尽,就有可能遗漏真肢,做出假的选言判断。例如,"某人上班迟到的原因或者是起床晚,或者是路上堵车。"这个选言判断就不穷尽,它漏掉了"意外事件导致迟到"这种可能;补充上遗漏的选言肢,这个选言判断才是穷尽的,是真判断。在科学研究中,选言判断的选言肢必须穷尽,否则无法严格判明选言判断的真假,推理中也就无法得到必然性的结论。日常生活中,无法穷尽选言肢时,也应尽量不遗漏可能性较大的情况,力争做到相对穷尽,以使判断尽量准确。

(2)选言肢的谓项一般应当并列。选言判断的选言肢是表示若干种并列的可能情况的,因而选言肢的谓项一般应是并列概念,它们之间不应是相容的,否则会导致选言肢互相重叠、包含,造成选言肢多余。

(3)注意区分相容选言判断和联言判断。选言判断和联言判断是两种不同性质的判断,前者是选择关系,后者是联合关系。在实践中,有时候容易将这两种判断混淆,特别是把相容选言判断和联言判断混淆,导致判断失误。所以,在使用这两种判断时,要注意它们的区别:该用联言判断时不要用选言判断,该用选言判断时不要用联言判断。

四、选言推理

所谓选言推理,具体是指前提中有一个选言判断,并且根据选言判断的逻辑关系而进行推演的推理。例如:

甲解题思路的错误,或是由于对实际问题认识不足,或是由于使用的数学方法不当。

甲解题思路的错误不是由于对实际问题认识不足。

所以,甲解题思路的错误是由于使用的数学方法不当。

这就是一个选言推理。它的大前提是选言判断,小前提是直言判断,结论也是直言判断。

根据前提中所包含的选言判断的不同,选言推理可分为相容的选言推理和不相容的选言推理两大类。

(一)相容选言推理

相容选言推理就是前提中有一个相容的选言判断,并根据相容选言判断各选言肢之间的逻辑关系进行推演的推理。

由前面的讨论可知,相容选言判断的逻辑含义是陈述几种事物情况中至少有一种情况存在的判断。这就是说,相容选言判断的若干选言肢中至少有一个选言肢是真的,也可能不止一个选言肢为真,它们之间是相容的,不相互排斥,可以同真。由此,相容的选言推理就有如下两条规则:

(1)否定除了一个以外的其他选言肢,就必然要肯定剩余的两个选言肢。

(2)肯定除了一个选言肢,不能必然否定或肯定其他选言肢。

根据上述两条推理规则,相容的选言推理只有一种正确的形式,即否定肯定式,具体逻辑形式为

$$p \text{ 或者 } q, \qquad p \text{ 或者 } q,$$
$$\text{非 } p, \qquad\qquad \text{非 } q,$$
$$\overline{\qquad\qquad} \quad \text{或} \quad \overline{\qquad\qquad}$$
$$\text{所以}, q。 \qquad\qquad \text{所以}, p。$$

用符号可表示为$((p \lor q) \land \overline{p}) \to q$ 或$((p \lor q) \land \overline{q}) \to p$。

例如:

一个推理有错误或是由于前提不真实,或是由于推理形式不正确;
这个推理有错误不是由于前提不真实。

所以,这个推理有错误是由于推理形式不正确。

事实上,从相容选言判断的真值表可以看出,相容选言推理否定肯定式的有效性。当 $p \lor q$ 为真并且 p 为假时(第三行),q 一定是真的;当 $p \lor q$ 为真并且 q 为假时(第二行),p 一定是真的。

上述推理式表明,肯定某选言判断并且否定该选言判断的一些选言肢,可以得出肯定剩下的选言肢的结论。如果相容选言判断包含有两个以上的选言肢,相容选言推理的有效推理式有

$$(p \lor q \lor r) \land \overline{p} \to q \lor r;$$
$$(p \lor q \lor r \lor s) \land \overline{(p \lor q)} \to r \lor s,$$
$$(p \lor q \lor r \lor s) \land (\overline{p} \land \overline{q}) \to r \lor s,$$

......

例如:

小明的数学成绩不好,或者因学习不努力,或者因学习方法不当,或者因基础太差,或者因身体健康状况欠佳;

经了解,小明的数学成绩不好,不是因学习不努力,也不是因学习方法不当;

所以,小明的数学成绩不好,或者因基础太差,或者因身体健康状况欠佳。

根据相容选言推理的规则(2)容易发现,对于相容选言推理来说,肯定否定式是无效式。这种无效性可以从相容选言判断的真值表中推导出来。例如,当 $p \lor q$ 为真并且 p 为真时,q 可真可假。因此,从 $p \lor q$ 和 p 不能必然地推出 q 为假。同理,从 $p \lor q$ 和 q 不能必然地推出 p 为假。同样,从相容选言判断的真值表中也可以看出,相容选言推理的肯定肯定式显然也是无效的。

在日常生活中经常会进行选言推理。由于一个为真的相容选言判断至少有一个选言肢为真,因而在排除一些选言肢以后,剩下的选言肢就是推出的结论。比如,在法院判决和法庭论辩等诉讼证明中,有时就会应用相容选言推理的否定肯定式。例如:

某被告企业或是拖欠员工工资或是未按规定给员工缴纳社保;

经查明该被告企业没有拖欠员工工资;

所以,该被告企业是未按规定给员工缴纳社保。

（二）不相容选言推理

不相容选言推理就是前提中有一个不相容的选言判断，并根据不相容选言判断各选言肢之间逻辑关系进行推演的推理。

通过前面的讨论可知，不相容选言判断的逻辑含义是陈述几种事物情况中有且仅有一种情况存在的判断，这就是说，不相容选言判断的若干选言肢中至少有一个选言肢是真的，并且至多有一个选言肢是真的，它们之间是不相容的，相互排斥的，不可以同真的。根据不相容选言判断的选言肢有且仅有一真的特点，不相容选言推理有如下两条规则：

（1）否定除了一个以外的其他选言肢，就必然要肯定剩余的那个选言肢。

（2）肯定一个选言肢，就必然要否定其他选言肢。

根据上述这两条推理规则，不相容的选言推理有如下两个有效的推理形式：

（1）否定肯定式。其具体逻辑形式为

$$要么\ p\ 要么\ q，\qquad 要么\ p\ 要么\ q，$$
$$非\ p，\qquad\qquad 非\ q，$$
$$\overline{\qquad\qquad}\quad 或 \quad\overline{\qquad\qquad}$$
$$所以，q。\qquad\qquad 所以，p。$$

用符号可表示为 $((p \dot{\vee} q) \wedge \overline{p}) \rightarrow q$ 或 $((p \dot{\vee} q) \wedge \overline{q}) \rightarrow p$。

例如：

小成想提高学历层次，要么选择在职学习，要么辞职深造。

小成没有辞职深造。

所以，小成选择了在职学习。

（2）肯定否定式。其具体逻辑形式为

$$要么\ p\ 要么\ q，\qquad 要么\ p\ 要么\ q，$$
$$p，\qquad\qquad\quad q，$$
$$\overline{\qquad\qquad}\quad 或 \quad\overline{\qquad\qquad}$$
$$所以，非\ q。\qquad\qquad 所以，非\ p。$$

用符号可表示为 $((p \dot{\vee} q) \wedge p) \rightarrow \overline{q}$ 或 $((p \dot{\vee} q) \wedge q) \rightarrow \overline{p}$。

例如：

弗朗西斯·培根要么是唯物主义哲学家，要么是唯心主义哲学家。

弗朗西斯·培根是唯物主义哲学家。

所以，弗朗西斯·培根不是唯心主义哲学家。

从不相容选言判断的真值表可以看出不相容选言推理否定肯定式和肯定否定式的有效性。当 $p\dot\vee q$ 为真时，p 与 q 一真一假；当 p 为假时，则 q 为真，当 q 为假时，则 p 为真，因此，否定肯定式是有效的；同样，当 p 为真时，则 q 为假，当 q 为真时，则 p 为假，因此，对于不相容选言推理来说，肯定否定式也是有效的。

如果不相容选言判断包含有两个以上的选言肢，则有效推理形式有

$$(p\dot\vee q\dot\vee r)\wedge p\rightarrow\bar q\wedge\bar r,$$

$$(p\dot\vee q\dot\vee r)\wedge(p\dot\vee q)\rightarrow\bar r,$$

$$(p\dot\vee q\dot\vee r)\wedge\bar p\rightarrow q\dot\vee r,$$

$$(p\dot\vee q\dot\vee r\dot\vee s)\wedge(\bar p\wedge\bar q)\rightarrow r\dot\vee s,$$

$$\cdots\cdots$$

上述推理的有效性，根据不相容选言判断的逻辑性质可以很容易地理解。因为不相容选言判断有且仅有一个选言肢为真，所以，当前提肯定一个选言肢真时，则可推知余下的选言肢必假；当前提中除一个以外的其余各选言肢全假时，则可推知剩下的那个选言肢必真。这就是不相容选言推理的推理依据。当然，根据对不相容选言推理推理规则的字面理解，也可以得出如下一些有效式，例如：

$$(p\dot\vee q\dot\vee r)\wedge p\rightarrow\overline{q\dot\vee r},$$

$$(p\dot\vee q\dot\vee r\dot\vee s)\wedge\overline{(p\dot\vee q)}\rightarrow r\dot\vee s,$$

$$\cdots\cdots$$

需要特别指出的是，在日常生活中，选言推理在表达时也可以采取省略的形式，通常是省略选言前提，有兴趣的读者可以在

这方面深入思考。

第三节　假言判断及其推理

一、假言判断的含义

假言判断又称条件判断，它是陈述某一事物情况的存在是另一事物情况存在的条件的复合判断。每一个假言判断都包含有两个肢判断，一个是表示条件的肢判断，称为"前件"；另一个是表示依赖条件而成立的肢判断，称为"后件"。例如：

①如果停电了，那么电灯就不会亮。

②一个人只有年满 18 岁，才会有选举权。

上述两个判断都是假言判断。①中陈述了"停电"是"电灯不会亮"的条件，"停电"是前件，"电灯不会亮"是后件；②中陈述了"年满 18 岁"是"有选举权"的条件。"一个人年满 18 岁"是前件，"有选举权"是后件。

需要明确的是，假言判断的两个肢判断可称为"假言肢"，但有"前件"和"后件"之分。假言判断与联言判断、选言判断不同，联言判断有合取交换律，即 $p \wedge q$ 与 $q \wedge p$ 等值；选言判断有析取交换律，即 $p \vee q$ 与 $q \vee p$ 等值。这两种判断都完全不必考虑肢判断的前后顺序，但是，假言判断的肢判断不能前后随意调换。

假言判断的两个肢判断"前件"和"后件"，是通过"假言联结词"结合在一起的。"假言联结词"就是假言判断的逻辑联结词，用自然语言表述为"如果……那么……""只有……才……"等。假言判断中"前件"和"后件"的区分，可以根据它们在假言判断中的位置来确定。位于假言联结词前面的肢判断是前件，位于假言联结词后面的肢判断是后件。

二、假言判断的种类及其真假值

根据假言判断前后件之间条件关系的不同,可以将假言判断分为充分条件假言判断、必要条件假言判断和充分必要条件假言判断。

(一)充分条件假言判断及其真假值

所谓充分条件假言判断,具体是指断定一事物情况存在为另一事物情况存在的充分条件的假言判断。要了解什么是充分条件假言判断,必须首先弄清什么是充分条件。所谓充分条件,就是有这个条件,就必然产生这个结果;没有这个条件,不一定不产生这个结果,即可能产生这个结果,也可能不产生这个结果。反映对象情况之间这种充分条件关系的判断就是充分条件假言判断。充分条件假言判断的逻辑形式可表示为"如果 p,那么 q",其中 p 和 q 分别表示前件和后件,它们是变项。"如果……那么……"表示充分条件假言判断的逻辑联结项,是逻辑常项。在自然语言中,表达充分条件假言判断的关联词语还有"假使……就……""倘若……则……""只要……就……""当……便……"等等。充分条件假言判断的逻辑联结项还可以用符号"→"(读作"蕴涵")表示。这样,充分条件假言判断也可表示为" $p \rightarrow q$ "。

充分条件假言判断的真假,取决于前件反映的事物情况是否是后件反映的事物情况的充分条件。如果是,该判断是真的;如果不是,该判断是假的。从充分条件假言判断前后件的真假关系来看,一个充分条件假言判断,当前件真后件也真时,它是真的,因为它说明前件是后件的充分条件;如果当前件真,后件却假时,它一定是假的,因为这说明前件不是后件的充分条件;而当前件假时,后件不论是真是假,该充分条件假言判断都是真的,因为,充分条件假言判断并未断定:前件假,后件怎么样。例如,"如果小李找到工作,那么,小张也找到工作。"在这个充分条件假言判断中,如果前件断定的情况存在,后件断定的情况却不存在,即前件真,后件却假,这说明"小李找到工作"不是"小张找到工作"的充分条件,该充分条件假言判断是个假判断。在其他三种情况下:前件真,后件真;前件假,后件假;前件假,后件真,该判断都是真的。

充分条件假言判断的真假值与前后件的真假值之间的关系可用表 5-4 来表示。

表 5-4　充分条件假言判断真值表

p	q	p→q
真	真	真
真	假	假
假	真	真
假	假	真

通过表 5-4 可以看出,只有当其前件真而后件假时,充分条件假言判断才是假的;在其余情况下,它都是真的。

（二）必要条件假言判断及其真假值

所谓必要条件假言判断,具体是指断定一种事物情况存在是另一事物情况存在的必要条件的假言判断。设有两个事物情况 p 和 q,如果没有 p,就必然没有 q;而有 p,则是否有 q,并不确定。在这种情况下,p 就是 q 的必要条件。也就是说,没有这个条件,一定不会产生这个结果;有了这个条件,不一定产生这个结果,即也可能产生,也可能不产生。正如《墨经》所说的"无之必不然,有之未必。"反映对象之间这种必要条件关系的判断就是必要条件假言判断。必要条件假言判断的逻辑形式可表示为"只有 p,才 q",其中,p 和 q 分别表示必要条件假言判断的前件和后件,"只有……才……"表示必要条件假言判断的逻辑联结项,是逻辑常项。在自然语言中,表达必要条件假言判断的关联词语还有"必须……才……""除非……不……""没有……没有……"

"不……不……"等等。必要条件假言判断的联结项还可用符号"←"(读作"反蕴涵")来表示。这样,必要条件假言判断也可表示为"$p \leftarrow q$"。

必要条件假言判断的真假,取决于前件反映的事物情况是否是后件所反映的事物情况的必要条件。如果是,则该判断是真的,如果不是,则该判断是假的。对于一个必要条件假言判断,当前件假,后件也假时,它是真的,因为它表明了前件是后件的必要条件;如果当前件假,后件却真时,它一定是假的,因为这说明前件不是后件的必要条件;而当前件真时,后件无论是真是假,它都是真的,因为必要条件假言判断并未断定"前件真,后件怎么样"。例如,"只有心情好,人才能工作。"在这个必要条件假言判断中,如果前件断定的情况不存在,而后件断定的情况却存在,即前件假后件却真,这说明"心情好"不是"人能工作"的必要条件,该必要条件假言判断是假的。在其他三种情况下:前件假,后件假;前件真,后件真;前件真,后件假,该判断都是真的。

必要条件假言判断的真假值与前后件的真假值之间的关系可用表5-5来表示。

表5-5　必要条件假言判断真值表

p	q	$p \leftarrow q$
真	真	真
真	假	真
假	真	假
假	假	真

通过表5-5可以看出,只有当其前件假而后件真时,必要条件假言判断才是假的;在其余情况下,它们都是真的。

(三)充分必要条件假言判断及其真假值

所谓充分必要条件假言判断,具体是指断定一种事物情况存在是另一种事物情况存在的既充分又必要的条件的假言判断。

要理解充分必要条件假言判断，就必须先理解充分必要条件。设有两个事物情况 p 和 q，如果有 p，就必然有 q；如果没有 p，就必然没有 q。在这种情况下，p 就是 q 的充分必要条件。也就是说，有这个条件，就必然产生这个结果；没有这个条件，就必然不会产生这个结果。某一条件对其结果而言，不仅是足够的，而且是必不可少的。正如《墨经》所说的，"有之则必然，无之必不然。"反映对象情况之间这种充分必要条件关系的判断就是充分必要条件假言判断。充分必要条件假言判断的逻辑形式可表示为"当且仅当 p，才 q"，其中 p 和 q 分别表示前件和后件，"当且仅当"表示联结项。在自然语言中，表达充分必要条件假言判断的关联词语还有"有并且只有……才……""有……就有……，没有……就没有……""如果……就……并且如果不……就不……"等等。充分必要条件假言判断的联结项还可用符号"↔"（读作"等值"）来表示。这样，上述公式也可表示为"$p \leftrightarrow q$"。

充分必要条件假言判断的真假取决于前件所反映的事物情况是否是后件所反映的事物情况的充分必要条件。如果是，则该判断是真的；如果不是，则该判断是假的。从充分必要条件假言判断前后件的关系来看，一个充分必要条件假言判断，当前件真后件也真，或前件假后件也假时，它是真的；而当前件真而后件假，或前件假而后件真时，它是假的。充分必要条件假言判断的真假值与前后件真假值之间的关系可用表 5-6 来表示。

表 5-6　充分必要条件假言判断真值表

p	q	$p \leftrightarrow q$
真	真	真
真	假	假
假	真	假
假	假	假

通过表 5-6 可以看出，当其前后件等值时，充分必要条件假言判断就是真的；当其前后件不等值时，它就是假的。

三、正确使用假言判断的注意事项

在日常思维中,应该学会正确地运用假言判断,以便真实、准确地反映客观事物的情况。要想正确使用假言判断,必须做到以下几点:

(1)弄清假言判断的语言表达形式,对于正确使用假言判断进行推理是十分必要的。运用假言判断,首先要认清事物情况之间的条件关系,不要把充分条件关系与必要条件关系弄错。另外,有一种省略了关联词语的语句,也可以用来表达充分条件假言判断。

(2)对于不具有条件关系的事物情况,不能强加条件关系以构成假言判断。

(3)正确地进行假言判断之间的等值转换。根据三种假言判断的逻辑性质,可以知道,断定 p 是 q 的充分条件,也就是断定了 q 是 p 的必要条件;断定 q 是 p 的必要条件也就是断定"无 q"是"无 p"的充分条件;断定 p 是 q 的充分必要条件,也就是断定 q 是 p 的充分必要条件。因此,可以把一个假言判断转换成另一个假言判断,这在逻辑上叫作"等值转换"。由此可以得到一些等值式,即 $(p \rightarrow q) \leftrightarrow (q \leftarrow p)$,$(p \leftarrow q) \leftrightarrow (\bar{p} \rightarrow \bar{q})$,$(p \rightarrow q) \leftrightarrow (\bar{q} \rightarrow \bar{p})$,$(p \leftrightarrow q) \leftrightarrow (q \leftrightarrow p)$。

四、假言推理

假言推理是根据假言判断的逻辑特性进行的推理。它至少有一个前提是假言判断。例如:

如果谁是既得利益者,那么,谁就应负主要责任。

某甲是既得利益者。

所以,某甲应负主要责任。

这就是一个假言推理。它的大前提是一个假言判断,小前提和结论都是直言判断。它依据了假言判断的逻辑特性，当小前提肯定了大前提的前件时，结论则肯定了大前提的后件。

作为假言推理的大前提的假言判断，通常表示的是一般的原则，作为小前提和结论的直言判断表示的是特殊的情况，其推理过程仍然体现了由一般到特殊的特点。所以，假言推理也是一种演绎推理。又由于它和三段论一样，也是由三个判断组成。所以，也有人把它称之为假言三段论推理。假言推理有充分条件假言推理、必要条件假言推理、充分必要条件假言推理三种基本形式。

（一）充分条件假言推理

所谓充分条件假言推理，就是前提中有一个充分条件假言判断，并根据充分条件假言判断的逻辑性质进行推论的推理。充分条件假言推理的规则如下：

（1）肯定前件必然要肯定后件，否定前件不能必然否定后件。

（2）否定后件必然要否定前件，肯定后件不能必然肯定前件。

根据以上两条推理规则，充分条件假言推理有两种有效推理形式，即肯定前件式和否定后件式。

（1）肯定前件式。充分条件假言判断的逻辑性质表明，一个真的充分条件假言判断，当它的前件真时，其后件必然是真的。因此，可以通过肯定其前件推出肯定其后件的结论。这种推理形式叫作充分条件假言推理的肯定前件式，其逻辑形式为

$$如果\ p，那么\ q。\qquad p \rightarrow q。$$

$$\frac{p。}{所以，q。} \quad 即 \quad \frac{p。}{所以，q。}$$

如果用蕴涵式表示，则为 $((p \rightarrow q) \wedge p) \rightarrow q$。

例如：

如果物体受到摩擦，那么它就会发热。

此物受到了摩擦。

———————————————————

所以，此物会发热。

（2）否定后件式。根据充分条件假言判断的逻辑性质还可知，一个真的充分条件假言判断，当它的后件假时，其前件必然是假的，因此，可以通过否定其后件推出否定其前件的结论。这种推理形式叫作充分条件假言推理的否定后件式，其逻辑形式为

$$如果\ p，则\ q。 \qquad p{\rightarrow}q。$$
$$非\ q。 \qquad\qquad \overline{q}。$$

即

$$所以，非\ p。 \qquad 所以，\overline{p}。$$

如果用蕴涵式表示，则为 $((p{\rightarrow}q)\wedge\overline{q}){\rightarrow}\overline{p}$。

例如：

如果此物受到摩擦，那么它就会发热。

此物没有发热。

所以，此物没有受到摩擦。

根据充分条件假言判断的逻辑性质可知，当其前件假时，一个真的充分条件假言判断得后件可真可假，因此，不能通过否定其前件必然推出否定其后件的结论。这就是说，充分条件假言推理的否定前件式是无效的。同时，当后件真时，一个真的充分条件假言判断的前件也是可真可假，因此，运用充分条件假言推理时，肯定后件不能肯定前件。即充分条件假言推理肯定后件式也是无效的。

（二）必要条件假言推理

所谓必要条件假言推理，具体是指前提中有一个必要条件假言判断，并且根据必要条件假言判断前后件之间的逻辑关系而进行推演的假言推理。根据必要条件假言判断的真值表可知，当一个必要条件假言判断是真的，并且它的前件是假的，那么它的后件肯定是假的；当一个必要条件假言判断是真的，并且它的后件是真的，那么它的前件肯定也是真的；当一个必要条件假言判断是真的，并且它的前件是真的，它的后件真假不定；当一个必要条件假言判断是真的，并且它的后件是假的时，它的前件真假不定。

据此,必要条件假言推理有两条推理规则:

(1)否定前件就要否定后件,肯定后件就要肯定前件。

(2)肯定前件不能必然肯定后件,否定后件不能必然否定前件。

根据推理规则(1),必要条件假言推理有如下两个有效推理形式:

(1)否定前件式。在前提中否定必要条件假言判断的前件,结论中否定它的后件,其逻辑形式为

$$只有 p,才 q。\qquad\qquad p\leftarrow q$$
$$非 p。\qquad\qquad\qquad\overline{p}$$

即

$$所以,非 q。\qquad\qquad 所以,\overline{q}。$$

如果用蕴涵式表示,则为$((p\leftarrow q)\wedge\overline{p})\rightarrow\overline{q}$。

例如:

你只有道德高尚,才能成为一名合格的国家公务员。

你道德不高尚。

所以,你不能成为一名合格的国家公务员。

上述推理为必要条件假言推理否定前件式,根据规则,否定前件就要否定后件,因此,这是一个正确的推理式。

实际上,必要条件假言推理的否定前件式可以用充分条件假言推理的有效式表示出来。通过前面的讨论易知,"只有 p 才 q"与"如果非 p 则非 q"和"如果 q 则 p"等值,它们可以相互替换,所以,上述推理形式可以表示为

$$如果非 p,则非 q。\qquad 如果 q,则 p。\qquad \overline{p}\rightarrow\overline{q}$$
$$非 p。\qquad\qquad\qquad 非 p。\qquad\qquad \overline{p}$$

或

即

$$所以,非 q。\qquad\qquad 所以,非 q。\qquad\qquad 所以,\overline{q}。$$

如果用蕴涵式表示,则为$((\overline{p}\rightarrow\overline{q})\wedge\overline{p})\rightarrow\overline{q}$。

上述有效式表明,对必要条件假言推理来说,否定前件就要否定后件。

(2)肯定后件式。在前提中肯定必要条件假言判断的后件,

结论中肯定它的前件,其逻辑形式为

$$
\frac{\text{只有 } p,\text{才 } q。 \qquad q。}{\text{所以},p。} \quad 即 \quad \frac{p \leftarrow q。 \qquad q。}{\text{所以},p。}
$$

如果用蕴涵式表示,则为 $((p \rightarrow q) \wedge q) \rightarrow p$。

实际上,必要条件假言推理的肯定后件式也可以用充分条件假言推理的有效式表示出来。通过把必要条件假言判断转换为充分条件假言判断,上述推理形式可以表示为

$$
\frac{\text{如果非 } p,\text{则非 } q。\qquad \text{非 } q。}{\text{所以},p。} \quad 或 \quad \frac{\text{如果 } q,\text{则 } p。\qquad q。}{\text{所以},p。} \quad 即 \quad \frac{\overline{p} \rightarrow \overline{q}。\qquad q。}{p。} \quad 或 \quad \frac{p \leftarrow q。\qquad q。}{p。}
$$

如果用蕴涵式表示,则为 $((\overline{p} \rightarrow \overline{q}) \wedge q) \rightarrow p$ 或 $(p \leftarrow q) \wedge q \rightarrow p$。

上述有效式表明,对必要条件假言推理来说,肯定后件就要肯定前件。

根据必要条件假言判断的逻辑性质可知,一个真的必要条件假言判断,当其前件真时,后件可真可假,因此,不能通过肯定其前件必然推出肯定其后件的结论。这就是说,必要条件假言推理的肯定前件式是无效的。同理,一个真的必要条件假言判断,当其后件假时,前件可真可假,因此,不能通过否定其后件必然推出否定其前件的结论。这就是说,必要条件假言推理的否定后件式是无效的。

(三)充分必要条件假言推理

所谓充分必要条件假言推理,具体是指前提中有一个充分必要条件假言判断,并根据充分必要条件假言判断的逻辑性质进行推论的推理。充分必要条件假言推理的推理规则如下:

(1)肯定前件必然要肯定后件,否定前件必然要否定后件。

(2)肯定后件必然要肯定前件,否定后件必然要否定前件。

根据上述两条推理规则,充分必要条件假言推理有如下有效推理形式:

（1）肯定前件式。根据充分必要条件假言判断的逻辑性质可知，一个真的充分必要条件假言判断，当它的前件真时，其后件必然是真的，因此，可以通过肯定其前件推出肯定其后件的结论。这种推理形式叫作充分必要条件假言推理的肯定前件式，其逻辑形式为

$$当且仅当\ p,则\ q。\qquad\qquad p \leftrightarrow q。$$
$$\underline{\qquad p。\qquad\qquad}\quad 即\quad \underline{\qquad p。\qquad}$$
$$所以，q。\qquad\qquad\qquad 所以，q。$$

如果用蕴涵式表示，则为$((p \leftrightarrow q) \wedge p) \rightarrow q$。

例如：

当且仅当某机关是法院，它才有审判权。

某机关是法院。

所以，某机关有审判权。

（2）否定前件式。根据充分必要条件假言判断的逻辑性质可知，一个真的充分必要条件假言判断，当它的前件假时，其后件必然是假的，因此，可以通过否定其前件推出否定其后件的结论。这种推理形式叫作充分必要条件假言推理的否定前件式，其逻辑形式为

$$当且仅当\ p,则\ q。\qquad\qquad p \leftrightarrow q。$$
$$\underline{非\ p。\qquad\qquad}\quad 即\quad \underline{\qquad \overline{p}。\qquad}$$
$$所以，非\ q。\qquad\qquad\qquad 所以，\overline{q}。$$

如果用蕴涵式表示，则为$((p \leftrightarrow q) \wedge \overline{p}) \rightarrow \overline{q}$。

例如：

当且仅当某机关是法院，它才有审判权。

某机关不是法院。

所以，某机关没有审判权。

（3）肯定后件式。根据充分必要条件假言判断的逻辑性质可知，一个真的充分必要条件假言判断，当它的后件真时，其前件必然是真的，因此，可以通过肯定其后件推出肯定其前件的结论。

这种推理形式叫作充分必要条件假言推理的肯定后件式,其逻辑形式为

$$当且仅当\ p,则\ q。\qquad\qquad p \leftrightarrow q。$$
$$\frac{q。}{所以,p。}\qquad 即 \qquad \frac{q。}{所以,p。}$$

如果用蕴涵式表示,则为$((p \leftrightarrow q) \wedge q) \rightarrow p$。

(4)否定后件式。根据充分必要条件假言判断的逻辑性质可知,一个真的充分必要条件假言判断,当它的后件假时,其前件必然是假的,因此,可以通过否定其后件推出否定其前件的结论。这种推理形式叫作充分必要条件假言推理的否定后件式,其逻辑形式为

$$当且仅当\ p,则\ q。\qquad\qquad p \leftrightarrow q。$$
$$\frac{非\ q。}{所以,非\ p。}\qquad 即 \qquad \frac{\overline{q}。}{所以,\overline{p}。}$$

如果用蕴涵式表示,则为$((p \leftrightarrow q) \wedge \overline{q}) \rightarrow \overline{p}$。

假言推理的客观基础是普遍存在于事物之间的联系和关系,在日常思维逻辑中的应用十分广泛。如对未来作种种预测、论述问题、驳斥谬误等,往往都离不开假言推理。

第四节　负判断及其等值推理

一、负判断的含义及其真假值

顾名思义,负判断就是否定某个判断的一种复合判断。例如:

①并不是所有的房屋都是商品房。

②并非一个人犯过错误就一定会再犯错误。

这两个判断都是负判断。①是否定"所有的房屋都是商品

房"这个全称肯定判断,得出的一个负判断。②是否定"一个人犯
过错误就一定会再犯错误"这个充分条件假言判断,得出的一个
负判断。负判断是在日常生活和工作中,对某一判断表示否定时
经常使用的一种句式。

一般地,负判断由肢判断和联结项两部分构成。肢判断是被
否定的原判断,肢判断可以是个简单判断,也可以是个复合判断。
在负判断中,表示否定的那个概念是联结项,负判断常用的联结
项有"并不是""并非"等。

负判断的形式可表示为"并非 p",也可以用符号表示为"$\overline{p}$"
或"$\neg p$"。需要特别注意的是,负判断不同于直言判断中的否定判
断。直言判断中的否定判断,是断定对象不具有某种性质的判
断,是个简单判断。而负判断则是对整个判断的否定,是个复合
判断。

负判断是较特殊的复合判断,它是对原判断的否定,所以它
的真假情况与原判段正好相反。即:原判断真,负判断就假;原判
断假,负判断就真。负判断的真假值可以用表 5-7 来表示。

表 5-7　负判断真值表

p	$\overline{p}$
真	假
假	真

二、负判断的分类

任何一个判断都可以对其进行否定而构成一个负判断,所以
组成负判断的肢判断既可以是简单判断,也可以是复合判断。据
此,负判断可分为两类,即简单负判断和的复合负判断。

(一)简单负判断

简单负判断即简单判断的负判断,它由否定一个简单判断而

构成的判断。例如,"并非小明比小红长得高。"这个判断就是肢判断是关系判断的负判断。对于直言判断来说,根据前面的讨论可知,其一共有六种形式,每一种形式都有与之相对应的负判断,故而直言判断的负判断有如下六种:

(1)负全称肯定判断。即全称肯定判断的负判断,其逻辑形式为"并非所有的 S 都是 P",符号公式为 $\overline{SAP}$。

(2)负全称否定判断。即全称否定判断的负判断,其逻辑形式为"并非所有的 S 都不是 P",符号公式为 $\overline{SEP}$。

(3)负特称肯定判断。即特称肯定判断的负判断,其逻辑形式为"并非有的 S 是 P",符号公式为 $\overline{SIP}$。

(4)负特称否定判断。即特称否定判断的负判断,其逻辑形式为"并非有的 S 不是 P",符号公式为 $\overline{SOP}$。

(5)负单称肯定判断。即单称肯定判断的负判断。其逻辑形式为"并非某个 S 是 P"。

(6)负单称否定判断。即单称否定判断的负判断,其逻辑形式为"并非某个 S 不是 P"。

(二)复合负判断

复合负判断即复合判断的负判断,它是由否定一个复合判断而构成的判断。复合判断的负判断主要有以下几种形式:

(1)负联言判断。即联言判断的负判断,其逻辑形式为"并非(p 并且 q)",符号公式为"$\overline{p \wedge q}$"。

(2)负相容选言判断。即相容选言判断的负判断,其逻辑形式为"并非(p 或者 q)",符号公式为"$\overline{p \vee q}$"。

(3)负不相容选言判断。即不相容选言判断的负判断,其逻辑形式为"并非(要么 p,要么 q)",符号公式为"$\overline{p \dot\vee q}$"。

(4)负充分条件假言判断。即充分条件假言判断的负判断,其逻辑形式为"并非(如果 p,那么 q)",符号公式为"$\overline{p \rightarrow q}$"。

(5)负必要条件假言判断。即必要条件假言判断的负判断,其逻辑形式为"并非(只有 p,才 q)",符号公式为"$\overline{p \leftarrow q}$"。

(6)负充分必要条件假言判断。即充分必要条件假言判断的负判断，其逻辑形式为"并非（当且仅当 p，才 q）"，符号公式为"$\overline{p \leftrightarrow q}$"。

(7)负负判断。即负判断的负判断，其逻辑形式为"并非（非 p）"，符号公式为"$\overline{\overline{p}}$"。

三、负判断的等值推理

（一）简单负判断的等值推理

对于直言判断 SAP、SEP、SIP 和 SOP 而言，由于原判断与负判断具有矛盾关系，因此根据逻辑方阵中的矛盾关系，SAP 假，则 SOP 真，即，$\overline{SAP} \leftrightarrow SOP$。同理，可以得出等值判断 $\overline{SEP} \leftrightarrow SIP$，$\overline{SIP} \leftrightarrow SEP$，$\overline{SOP} \leftrightarrow SAP$。据此，可得到以下四个简单负判断的等值推理式：

(1)负全称肯定判断的等值推理。由于负全称肯定判断等值于一个特称否定判断，因此，可以从负全称肯定判断推出一个特称否定判断；同样，也可以从特称否定判断推出一个负全称肯定判断，即它们之间是互推关系。这一推理可用互推符号"≡"表示为 $\overline{SAP} \equiv SOP$。

(2)负全称否定判断的等值推理。由于负全称否定判断等值于一个特称肯定判断，因此，可以从负全称否定判断推出一个特称肯定判断；同样，也可以从特称肯定判断推出一个负全称否定判断，即它们之间是互推关系。这一推理也可用互推符号"≡"表示为 $\overline{SEP} \equiv SIP$。

(3)负特称肯定判断的等值推理。由于负特称肯定判断等值于一个全称否定判断，因此，可以从负特称肯定判断推出一个全称否定判断；同样，也可以从全称否定判断推出一个负特称肯定判断，即它们之间是互推关系。这一推理可用互推符号"≡"表示为 $\overline{SIP} \equiv SEP$。

（4）负特称否定判断的等值推理。由于负特称否定判断等值于一个全称肯定判断，因此，可以从负特称否定判断推出一个全称肯定判断；同样，也可以从全称肯定判断推出一个负特称否定判断，即它们之间是互推关系。这一推理也可用互推符号"≡"表示为$\overline{SOP} \equiv SAP$。

对于单称判断来说，单称肯定判断与同素材的单称否定判断是一对矛盾判断，因此，负单称肯定判断的等值判断就是单称否定判断；负单称否定判断的等值判断就是单称肯定判断。这个等值判断形式是"并非某个 S 是 P ↔ 某个 S 不是 P"和"并非某个 S 不是 P ↔ 某个 S 是 P"。由于单称肯定判断的负判断等值于一个单称否定判断，因此，可以从负单称肯定判断推出一个单称否定判断；同样，也可以从单称否定判断推出一个负单称肯定判断。由于负单称否定判断等值于一个单称肯定判断，因此，可以从负单称否定判断推出一个单称肯定判断；同样，也可以从单称肯定判断推出一个负单称否定判断。

（二）负复合判断的等值推理

每一个复合判断都有它的负判断，而每一个负复合判断也都有它的等值判断，依据负复合判断的等值判断，就可以进行负复合判断的等值推理，具体如下：

（1）负联言判断的等值推理。负联言判断的逻辑形式是"并非（p 并且 q）"，其含义是"p 并且 q"为假。根据联言判断的真值表，当联言判断"p 并且 q"为假时，其肢判断有三种情况，即"p 真 q 假""p 假 q 真"和"p 假 q 假"。这也就是说，只要联言判断的肢判断有一个为假，则整个联言判断就是假的。因此，否定联言判断"p 并且 q"，就等于肯定 p 和 q 至少有一个为假，即肯定了"p 假或者 q 假"，这种关系可用符号表示为$\overline{p \wedge q} \leftrightarrow \overline{p} \vee \overline{q}$。依据这一等值式，就可进行负联言判断的等值推理，即可以从联言判断的负判断$\overline{p \wedge q}$等值推出一个选言判断$\overline{p} \vee \overline{q}$。同理，也可以从选言判断$\overline{p} \vee \overline{q}$推出一个负联言判断$\overline{p \wedge q}$。这一推理可以用符号公式表示为$\overline{p \wedge q} \equiv \overline{p} \vee \overline{q}$。例如：

并非小明既爱看电影，又爱打游戏。

所以，小明不爱看电影，或不爱打游戏。

（2）负相容选言判断的等值推理。负相容选言判断的逻辑形式是"并非（p 或者 q）"，其含义是"p 或者 q"是假的。根据相容选言判断的真值表，当相容选言判断"p 或者 q"为假时，其肢判断p、q 均假。因此，否定相容选言判断"p 或者 q"，就等于肯定"p 和 q 全为假"，这种关系可用符号表示为$\overline{p \vee q} \leftrightarrow \overline{p} \wedge \overline{q}$。依据这一等值式，就可进行负相容选言判断的等值推理，即可以从负相容选言判断$\overline{p \vee q}$等值推出一个联言判断$\overline{p} \wedge \overline{q}$。这一推理可以用符号公式表示为$\overline{p \vee q} \equiv \overline{p} \wedge \overline{q}$。例如：

并非或者张教授获得今年的优秀教师荣誉，或者李教授获得今年的优秀教师荣誉。

所以，张教授和李教授都没有获得今年的优秀教师荣誉。

（3）负不相容选言判断的等值推理。负不相容选言判断的逻辑形式是"并非（要么 p，要么 q）"，其含义是"要么 p，要么 q"是假的。根据不相容选言判断的真值表，当不相容选言判断"要么 p，要么 q"为假时，其肢判断有两种情况，即"p 真 q 真"和"p 假 q 假"。这也就是说，只要不相容选言判断为假，则肢判断 p 与 q 同真或同假。因此，否定不相容选言判断"要么 p，要么 q"，就等于肯定"或者 p 真并且 q 真，或者 p 假并且 q 假"，这种关系可用符号表示为$\overline{p \dot\vee q} \leftrightarrow (p \wedge q) \vee (\overline{p} \wedge \overline{q})$依据这个等值式，就可进行负不相容选言判断的等值推理，即可以从负不相容选言判断等值$\overline{p \dot\vee q}$推出一个判断$(p \wedge q) \vee (\overline{p} \wedge \overline{q})$。这一推理可以用符号公式表示为$\overline{p \dot\vee q} \equiv (p \wedge q) \vee (\overline{p} \wedge \overline{q})$。例如：

并非要么小张是小偷，要么小李是小偷。

所以，或者小张和小李都是小偷，或者小张和小李都不是小偷。这里需要特别注意的是，由于不相容选言判断为假时，肢判

断 p 与 q 同真或同假,这也就说明了 p 与 q 之间实际上是等值关系,这种关系可用符号表示为 $p \dot\vee q \leftrightarrow \overline{(p \leftrightarrow q)}$。由于负不相容选言判断 $p \dot\vee q$ 等值于一个等值判断,因此,人们又把 $p \dot\vee q$ 称为反等值判断。

(4)负充分条件假言判断的等值推理。负充分条件假言判断的逻辑形式是"并非(如果 p,那么 q)",其含义是"如果 p,那么 q"是假的。根据充分条件假言判断的真值表,当充分条件假言判断"如果 p,那么 q"为假时,其肢判断 p 真而 q 假。因此,否定充分条件假言判断"如果 p,那么 q",就等于肯定"p 真而 q 假",这种关系可用符号表示为 $\overline{p \rightarrow q} \leftrightarrow p \wedge \bar{q}$。依据这一等值式,就可进行负充分条件假言判断的等值推理,即可以从负充分条件假言判断 $\overline{p \rightarrow q}$ 等值推出一个联言判断 $p \wedge \bar{q}$。这一推理可以用符号公式表示为 $\overline{p \rightarrow q} \equiv p \wedge \bar{q}$。例如:

并非如果张三有作案时间,他就是作案人。

所以,虽然张三有作案时间,但他不是作案人。

(5)负必要条件假言判断的等值推理。负必要条件假言判断的逻辑形式是"并非(只有 p,才 q)",其含义是"只有 p,才 q"是假的。根据必要条件假言判断的真值表,当必要条件假言判断"只有 p,才 q"为假时,其肢判断 p 假而 q 真。因此,否定必要条件假言判断"只有 p,才 q",就等于肯定"p 假而 q 真"。这种关系可用符号表示为 $\overline{p \leftarrow q} \leftrightarrow \bar{p} \wedge q$。依据这一等值式,就可进行负必要条件假言判断的等值推理,即可以从负必要条件假言判断 $\overline{p \leftarrow q}$ 等值推出一个联言判断、$\bar{p} \wedge q$。这一推理可以用符号公式表示为 $\overline{p \leftarrow q} \equiv \bar{p} \wedge q$。例如:

并非只有在一定领域做出了杰出贡献,才是勤奋努力的人。

所以,虽然某人未在其领域做出了杰出贡献,但他依然是勤奋努力的人。

(6)负充分必要条件假言判断的等值推理。负充分必要条件假言判断的逻辑形式是"并非(p 当且仅当 q)",其含义是"p 当且

仅当 q"是假的。根据充分必要条件假言判断的真值表,当充分必要条件假言判断"p 当且仅当 q"为假时,其肢判断有两种情况,即"p 真 q 假"和"p 假 q 真"。这也就是说,只要充分必要条件假言判断为假,则肢判断 p 与 q 一真一假。因此,否定充分必要条件假言判断"p 当且仅当 q",就等于肯定"或者 p 真 q 假,或者 p 假 q 真",这种关系可用符号表示为 $\overline{p \leftrightarrow q} \leftrightarrow (p \wedge \overline{q}) \vee (\overline{p} \wedge q)$。依据这一等值式,就可进行负充分必要条件假言判断的等值推理,即可以从负充分必要条件假言判断 $\overline{p \leftrightarrow q}$ 等值推出一个判断 $(p \wedge \overline{q}) \vee (\overline{p} \wedge q)$。这一推理可以用符号公式表示为 $\overline{p \leftrightarrow q} \equiv (p \wedge \overline{q}) \vee (\overline{p} \wedge q)$。例如:

并非当且仅当天下雨,小王才不去旅游。

所以,虽然天下雨,但小王依然旅游;或者虽然天没有下雨,但小王却不去旅游。

由于充分必要条件假言判断为假时,肢判断 p 与 q 一真一假,这也就说明了 p 与 q 之间实际上是不相容析取关系,这种关系可用符号表示为 $\overline{p \leftrightarrow q} \leftrightarrow (p \dot\vee q)$,依据这一等值式,就可进行等值推理 $\overline{p \leftrightarrow q} \equiv (p \dot\vee q)$。

(7)负负判断的等值推理。负负判断的逻辑形式是"并非(非 p)",其含义是:"非 p"是假的。根据负判断的真值表,当负判断"非 p"为假时,其肢判断 p 为真。因此,否定负判断"非 p"就等于肯定 p,这种关系可用符号表示为 $\overline{\overline{p}} \leftrightarrow p$。依据这一等值式,就可进行负负判断的等值推理,即可以从负负判断 $\overline{\overline{p}}$ 等值推出一个判断 p。也就是说,双重否定等于肯定。可用公式表示为 $\overline{\overline{p}} \equiv p$。

由于 $\overline{p \to q}$ 与 $p \wedge \overline{q}$ 相等值,因此,它们的负判断也应该相等值。即 $\overline{\overline{p \to q}} \leftrightarrow \overline{p \wedge \overline{q}}$,由负负判断的等值判断可得 $\overline{p \wedge \overline{q}} \leftrightarrow (p \to q)$。由负联言判断的等值判断可得 $\overline{p \wedge \overline{q}} \leftrightarrow (\overline{p} \vee q)$。依据这两个等值式可得 $(p \to q) \leftrightarrow (\overline{p} \vee q)$。该公式在数理逻辑中被称为"蕴析律"。利用该公式,就可把一个"蕴涵式"转换成一个"析取式";同样,也可把一个"析取式"转换成一个"蕴涵式"。依据等值式 $(p \to q) \leftrightarrow$

$(\bar{p} \lor q)$，可进行等值推理$(p \rightarrow q) \equiv (\bar{p} \lor q)$。例如：

如果雨雪天气影响，那么路面会结冰。

所以，或者没有受雨雪天气影响，或者路面会结冰。

由于$\overline{p \leftarrow q}$与$\bar{p} \land \bar{q}$相等值，因此，它们的负判断也应该相等值。即$\overline{\overline{p \leftarrow q}} \leftrightarrow \overline{\bar{p} \land \bar{q}}$，由负负判断的等值判断可得$\overline{\overline{p \leftarrow q}} \leftrightarrow (p \leftarrow q)$，由负联言判断的等值判断可得$\overline{\bar{p} \land \bar{q}} \leftrightarrow (p \lor q)$，依据这两个等值式可得$(p \leftarrow q) \leftrightarrow (p \lor \bar{q})$。依据该等值式可进行等值推理$(p \leftarrow q) \equiv (p \lor \bar{q})$。

第五节　二难推理

一、二难推理的含义

二难推理是假言选言推理的一种。所谓假言选言推理，顾名思义，就是由假言判断和选言判断组合起来为前提而进行推演的复合判断推理。二难推理是假言选言推理中最常见的一种类型，它是由两个充分条件假言判断和一个选言判断为前提所构成的假言选言推理。例如：

如果张三犯的是抢劫罪，那么，他是犯的侵犯财产罪；

如果张三犯的是抢夺罪，那么，他也是犯的侵犯财产罪；

现已知张三犯的或者是抢劫罪，或者是抢夺罪；

所以，张三犯的都是侵犯财产罪。

这一推理就是一个二难推理。第一个前提是由两个充分条件假言判断组成，第二个前提是对充分条件假言判断的前件给予了肯定的一个二肢的选言判断。结论是对充分条件假言判断的后件给予了肯定，是一个直言判断。

依此类推，逻辑学上把由三个或四个充分条件假言判断和一个含三肢或四肢选言判断为前提所构成的假言选言推理称为"三难推理""四难推理"或"多难推理"。

二、二难推理的常用形式

二难推理的常用形式有简单构成式、简单破坏式、复杂构成式和复杂破坏式四种，下面展开详细讨论。

（一）简单构成式

所谓简单构成式，具体是指大前提由两个充分条件假言判断组成，当小前提肯定作为大前提假言判断的前件时，结论则肯定大前提假言判断的后件的二难推理。二难推理简单构成式的逻辑公式为

$$
\begin{array}{ll}
如果\ p，则\ r。 & p \rightarrow r。\\
如果\ q，则\ r。 & q \rightarrow r。\\
或者\ p，或者\ q。 & p \lor q。\\
\hline
所以，r。 & 所以，r。
\end{array}
$$

即

如果用蕴涵式表示，则为 $(p \rightarrow r) \land (q \rightarrow r) \land (p \lor q) \rightarrow r$。

（二）简单破坏式

所谓简单破坏式，具体是指大前提由两个充分条件假言判断组成，当小前提否定作为大前提假言判断的后件时，结论则否定大前提假言判断的前件的二难推理。简单破坏式的大前提中，两个假言判断的前件相同，但后件不同。所以，不论小前提的选言判断否定哪一个后件，结论都将否定前件，都可以得出相同的结论。二难推理简单破坏式的逻辑公式为

$$
\begin{array}{ll}
如果\ p，则\ q。 & p \rightarrow q。\\
如果\ p，则\ r。 & p \rightarrow r。\\
或者非\ q，或者非\ r。 & \bar{q} \lor \bar{r}。\\
\hline
所以，非\ p。 & 所以，\bar{p}。
\end{array}
$$

即

如果用蕴涵式的表示，则为 $(p \rightarrow q) \land (p \rightarrow r) \land (\bar{q} \lor \bar{r}) \rightarrow \bar{p}$。

例如：

如果小明是谦逊的人，小明就会倾听不同的意见。

如果小明是谦逊的人，小明就会学习他人的长处。

小明或者听不进去不同意见，或者不学习他人的长处。

所以，小明不是谦逊的人。

需要明确的是，简单构成式和简单破坏式之所以称之为简单，并不是说这种推理形式简单。而是由于它们的前提，虽然都是复合判断，而结论却是一个简单判断的缘故。

（三）复杂构成式

所谓复杂构成式，具体是指大前提由两个充分条件假言判断组成，当小前提分别肯定大前提假言判断的前件时，结论则分别肯定大前提假言判断的后件的二难推理。二难推理的复杂构成式的大前提中两个假言判断的前件不同，后件也不同。小前提肯定了两个假言判断的前件，并构成一互不相容、又穷尽一切可能的选言判断。结论则肯定了两个假言判断的后件，也是一个两肢的选言判断。二难推理复杂构成式的逻辑公式为

$$
\begin{array}{ll}
\text{如果 } p \text{ 则 } r\text{。} & p \to r\text{。} \\
\text{如果 } q \text{ 则 } s\text{。} & q \to s\text{。} \\
\text{或者 } p\text{，或者 } q\text{。} \quad\text{即}\quad & p \lor q\text{。} \\
\hline
\text{所以，或者 } r\text{，或者 } s\text{。} & \text{所以，} r \lor s\text{。}
\end{array}
$$

如果用蕴涵式表示，则为 $(p \to r) \land (q \to s) \land (p \lor q) \to (r \lor s)$。

例如：

如果张三触犯了刑律，那么，张三的行为就是犯罪行为。

如果张三没有触犯刑律，那么，张三的行为就是不道德行为。

张三或者触犯了刑律或者没有触犯刑律。

总之，张三的行为或者是犯罪行为，或者是不道德行为。

（四）复杂破坏式

所谓复杂破坏式，具体是指大前提由两个充分条件假言判断

组成,当小前提分别否定大前提假言判断的后件时,结论则分别否定大前提假言判断的前件的二难推理。二难推理复杂破坏式的逻辑公式为

如果 p 则 r。　　　　　　　　$p \to r$。

如果 q 则 s。　　　　　　　　$q \to s$。

或者非 r,或者非 s。　　　　　　$\bar{r} \vee \bar{s}$。

————————————　即　————————

所以,或者非 p,或者非 q。　　所以,$\bar{p} \vee \bar{q}$。

如果用蕴涵式表示,则为 $(p \to r) \wedge (q \to s) \wedge (\bar{r} \vee \bar{s}) \to (\bar{p} \vee \bar{q})$。

例如:

如果某科研工作者工作态度认真,那么,就能收集到较多材料。

如果某科研工作者专业基础过硬,那么,就能充分利用这些材料。

某科研工作者或没有收集到较多材料,或没有充分利用这些材料。

————————————————————————————————

所以,某科研工作者或是工作态度不够认真,或是专业基础不过硬。

复杂构成式和复杂破坏式之所以称之为"复杂",是由于不仅它们的前提是复合判断,而且结论也是复合判断的缘故。

第六章 必然性推理：模态判断及其推理

所谓模态，是指事物或认识的必然性和可能性的性质。模态在人们思维中的反映，表现为一定的认识或观念，这就是模态概念。逻辑学中的判断分为模态判断和非模态判断，前面对非模态判断及其推理进行了讨论。模态判断则是断定事物情况的必然性或可能性的判断。而模态推理是以模态判断为前提，并根据模态判断的性质进行的推理。本章就针对模态判断及其推理展开讨论。

第一节 模态判断

一、模态判断的含义

所谓模态判断，就是断定事物情况的必然性或可能性的判断，它有广义与狭义之分。广义的模态判断，泛指一切含有模态词（表达模态的词语或符号称为模态词，如"必然""可能""知道""相信""应当""禁止""允许"等）的判断。狭义的模态判断，仅指含有"必然""可能"这种类型的模态词，反映某种事物情况的存在具有必然性或可能性的判断。这里针对狭义的模态判断展开讨论。例如：

①犯罪行为必然要对社会构成危害。

②天气可能要下雨。

这两个判断就是狭义的模态判断。其中①反映"犯罪行为要对社会构成危害"这种事物情况的存在具有必然性,②反映"天气要下雨"这种事物情况的存在具有可能性。

通常情况下,一个模态判断由模态词与原判断两部分组成。模态词是表示必然性或可能性的词。表示必然性的模态词有"必然""一定""必定"等;表示可能性的模态词则有"可能""或许""也许"等。原判断是被模态词所限定的判断。例如前文两个例子中,①的原判断是"犯罪行为要对社会构成危害",②的原判断是"天气要下雨"。

模态判断中的原判断可以是简单判断,也可以是复合判断。于是模态判断便对应地有简单模态判断和复合模态判断之分。但除非特别说明,一般提到"模态判断",往往指的是简单模态判断。

二、模态判断的分类

根据断定的是事物情况的可能性还是必然性,模态判断分为可能模态判断和必然模态判断两大类。必然判断是断定事物情况的必然性的判断,它又可分为必然肯定判断与必然否定判断两种;可能判断是断定事物情况的可能性的判断,它又可以分为可能肯定判断与可能否定判断两种。这样,模态判断总共有以下四种,下面展开简单讨论。

(一)必然肯定判断

必然肯定判断是断定事物情况必然存在的判断。例如:
①生物必然要摄取营养物质。
②太阳必然从东方升起。
上述这两个判断就是必然肯定判断。必然肯定判断的一般形式可以表示为"必然 p",用符号形式可以表示为"$\Box p$",符号"$\Box$"表示模态词"必然"。

（二）必然否定判断

必然否定判断是断定事物情况必然不存在的判断。例如：

①霸权主义的图谋必然不会实现。

②谣言必然不能长久蒙骗群众。

上述这两个判断就是必然否定判断。必然否定判断的一般形式可以表示为"必然非 p"，用符号形式可以表示为"$\Box \bar{p}$"或"$\Box \neg p$"。

（三）可能肯定判断

可能肯定判断是断定事物情况可能存在的判断。例如：

①人类到月球上居住是可能的。

②第一证人可能作了伪证。

上述这两个判断就是可能肯定判断。可能肯定判断的一般形式可以表示为"可能 p"，用符号形式可以表示为"$\Diamond p$"，符号"$\Diamond$"表示模态词"可能"。

（四）可能否定判断

可能否定判断是断定事物情况可能不存在的判断。例如：

①这颗新发现的星球上可能没有水存在。

②这明天可能不会下雨。

上述这两个判断就是可能否定判断。可能否定判断的一般形式可以表示为"可能非 p"，用符号形式可以表示为"$\Diamond \neg p$"或"$\Diamond \bar{p}$"。

三、模态判断的对当关系

模态判断之间的真假关系与同素材的 A、E、I、O 四直言判断之间的真假关系相类似，同素材的"必然 p""必然非 p""可能 p""可能非 p"之间也具有一种对当关系。这种对当关系可以用如

图 6-1 所示的方形图来表示。这个方形图称为"模态方阵"。根据模态方阵,具有同一素材的四种模态判断□p、□¯p(或□$\bar{p}$)、◇p、◇¯p(或◇$\bar{p}$)之间有如下四种关系:

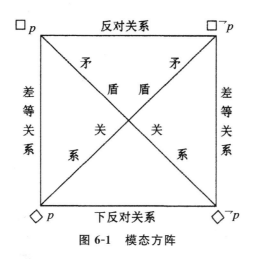

图 6-1 模态方阵

（1）矛盾关系。所谓矛盾关系,具体就是□p 与◇¯p(或◇$\bar{p}$)、□¯p(或□$\bar{p}$)与◇p 之间的真假关系。它们之间的真假关系是:不能同真,不能同假。□p 真,则◇¯p(或◇$\bar{p}$)假;□p 假,则◇¯p(或◇$\bar{p}$)真;□¯p(或□$\bar{p}$)真,则□p 假;□¯p(或□$\bar{p}$)假,则□p 真。□¯p(或□$\bar{p}$)与◇p 之间的关系也是如此。

（2）反对关系。所谓反对关系,具体就是□p 与□¯p(或□$\bar{p}$)之间的真假关系。它们之间的真假关系是:不能同真,可以同假。□p 真,则□¯p(或□$\bar{p}$)假;□p 假,则□¯p(或□$\bar{p}$)真假不定。□¯p(或□$\bar{p}$)真,则□p 假;□¯p(或□$\bar{p}$)假,则□p 真假不定。

（3）下反对关系。所谓下反对关系,具体就是◇p 与□¯p(或□$\bar{p}$)之间的真假关系。它们之间的真假关系是:可以同真,不能同假。◇p 真,则□¯p(或□$\bar{p}$)真假不定;◇p 假,则□¯p(或□$\bar{p}$)真;□¯p(或□$\bar{p}$)真,则◇p 真假不定;□¯p(或□$\bar{p}$)假,则◇p 真。

（4）差等关系。所谓差等关系,具体就是□p 与◇p、□¯p(或□$\bar{p}$)与◇¯p(或◇$\bar{p}$)之间的真假关系。它们之间的真假关系是:可以同真,可以同假。具体来说就是:□p 真,则◇p 真;□p 假,则◇p真假不定;◇p真,则□p真假不定;◇p假,则□p必假。□⁻p(或□p̄)与◇⁻p(或◇p̄)之间的关系也是如此。

在模态判断逻辑方阵中,可引入不带模态词的原判断p和⁻p(或p̄)。相对于四种模态判断,这种不带模态词的原判断称为实然判断。在引入实然判断后,就得到如图6-2所示的扩展的模态逻辑方阵,类似于扩展的直言判断逻辑方阵。

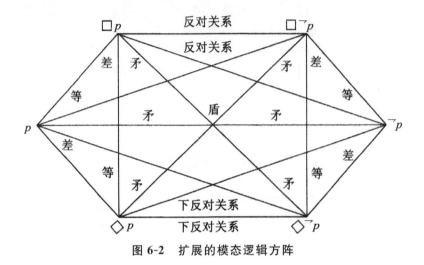

图 6-2 扩展的模态逻辑方阵

通过图6-2不难发现,扩展的模态逻辑方阵包括三对矛盾关系:三对反对关系、三对下反对关系和六对差等关系。

四、模态判断的负判断

模态判断的负判断也称负模态判断,具体是指否定某个模态判断的判断。模态判断负判断的逻辑形式,是在相应模态判断的逻辑形式前面加上否定词或否定符。例如:

①并非任何动物都不可能会飞。

②并非明天他必然回来。

以上这两个负判断就是模态判断的负判断,其中的模态判断的逻辑形式分别为"可能非p,即◇⁻p(或◇p̄)"和"必然p,即□p"在这些逻辑形式前面加上否定词或否定符号,就得到这两个模态判断的负判断的逻辑形式，即"不可能非 p，即"$\neg\Diamond\neg p$"和"不必然 p，即"$\neg\Box p$"

不言而喻。一个模态判断与其负判断之间具有矛盾关系。因此，一个模态判断的负判断与该模态判断在模态逻辑方阵中的矛盾判断是等值的。

五、事物的模态和认识的模态

在逻辑思维中，还必须注意区分如下两种不同的情况：

一种情况是人们使用模态判断是用以如实反映事物本身确实存在的可能性和必然性。例如，"中国人民生活达到小康的日子必然不会太长久了""社会主义可能首先在一个国家取得胜利"这两个模态判断，它们就分别反映了客观事物确实存在的必然性和可能性。可以说，这是一种事物的模态，又叫客观的模态。

另一种情况是人们对事物是否确实存在某种情况，一时还不十分清楚，不很确定，因而只好用可能判断来表示自己对事物情况反映的不确定的性质。例如，"罪犯可能会潜逃""张某可能是复员军人"，这些可以说是一种认识的模态，又叫主观的模态。

这两种模态显然是有所不同的，不能将它们混淆起来。事物的模态是客观事物存在的实际情况，它是不以我们的认识，从而也不以人们认识的模态为转移的。认识的模态则是人们在认识的过程中，对事物情况认识的不同程度而形成的，它是受到各种客观和主观条件制约的。

第二节　模态推理

所谓模态推理，就是根据模态判断的逻辑性质进行的推理，它的前提或结论中含有模态判断。模态推理所涉及的问题极其复杂，推理形式也是多种多样。这里只讨论模态推理中比较常用的对当关系模态推理和模态三段论两种。

一、对当关系模态推理

所谓对当关系模态推理,具体就是根据模态判断的对当关系进行的模态推理。根据前述四种模态判断之间的对当关系,并以模态方阵表示出来。根据模态方阵中各判断的真假关系,对当关系模态推理有四种。

(一)根据反对关系进行的模态推理

反对关系是指必然 $p(\square p)$ 与必然非 $p(\square\neg p)$ 两个模态判断之间的真假关系,它具有如下逻辑特征:

(1)已知一个模态判断真,可推出另一个模态判断必假。

(2)已知一个模态判断假,不能推出另一个模态判断的真假。

根据这种关系,可以由真推假,有如下两个有效形式:

(1)由必然 p 真,可以推出必然非 p 假。逻辑结构式为

$$\frac{\text{必然 } p。}{\text{所以,不必然非 } p。} \quad 即 \quad \frac{\square p。}{\text{所以,} \square\neg p。}$$

例如:

违背自然规律必然受到惩罚。(必然 p 真)

所以,并非违背自然规律必然不受到惩罚。(必然非 p 假)

(2)由必然非 p 真,可以推出必然 p 假,逻辑结构式为

$$\frac{\text{必然非 } p。}{\text{所以,不必然 } p。} \quad 即 \quad \frac{\square\neg p。}{\text{所以,} \neg(\square p)。}$$

例如:

迷信思想必然不是科学的。(必然非 p 真)

所以,并非迷信思想必然是科学的。(必然 p 假)

（二）根据下反对关系进行的模态推理

下反对关系是指可能 $p(\diamondsuit p)$ 与可能非 $p(\diamondsuit \neg p)$ 两个模态判断之间的真假关系，它具有如下逻辑特征：

（1）已知一个模态判断假，可推出另一个模态判断真。

（2）已知一个模态判断真，不能推出另一个模态判断的真假。根据下反对关系，可以由假推真，也有如下两个有效式：

（1）由可能 p 假，可以推出可能非 p 真，逻辑结构式为

$$\frac{\text{并非可能 } p。}{\text{所以，可能非 } p。} \quad \text{即} \quad \frac{\neg(\diamondsuit p)。}{\text{所以，}\diamondsuit \neg p。}$$

例如：

$$\frac{\text{明天他不可能会来。（可能 } p \text{ 假）}}{\text{所以，明天他可能不会来。（可能非 } p \text{ 真）}}$$

（2）由可能非 p 假，可以推出可能 p 真，逻辑结构式为

$$\frac{\text{不可能非 } p。}{\text{所以，可能 } p。} \quad \text{即} \quad \frac{\neg(\diamondsuit \neg p)。}{\text{所以，}\diamondsuit p。}$$

例如：

$$\frac{\text{明天他不可能不会来。（可能非 } p \text{ 假）}}{\text{所以，明天他可能来。（可能 } p \text{ 真）}}$$

（三）根据差等关系进行的模态推理

差等关系是指必然 $p(\Box p)$ 与可能 $p(\diamondsuit p)$ 两个模态判断，以及必然非 $p(\Box \neg p)$ 与可能非 $p(\diamondsuit \neg p)$ 两个模态判断之间的真假关系，它们具有如下逻辑特征：

（1）已知上位模态判断真，可以推出下位模态判断必真。

（2）已知上位模态判断假，不能推出下位模态判断的真假。

（3）已知下位模态判断假，可以推出上位模态判断必假。

（4）已知下位模态判断真，不能推出上位模态判断的真假。

根据差等关系，可以由"必然"真推"可能"真，也可以由"可

能"假推"必然"假,具体有如下四个有效形式:

(1)由必然 p 真,可以推出可能 p 真,其逻辑结构式为

$$\frac{必然 p。}{所以,可能 p。} \quad 即 \quad \frac{\Box p。}{所以,\Diamond p}$$

例如:

$$\frac{张三必然是小偷。(必然 p 真)}{所以,张三可能是小偷。(可能 p 真)}$$

(2)由必然非 p 真,可以推出可能非 p 真,其逻辑结构式为

$$\frac{必然非 p。}{所以,可能非 p。} \quad 即 \quad \frac{\Box \neg p。}{所以,\Diamond \neg p。}$$

例如:

$$\frac{张三必然不是小偷。(必然非 p 真)}{所以,张三可能不是小偷。(可能非 p 真)}$$

(3)由可能 p 假,可以推出必然 p 假,其逻辑结构式为

$$\frac{不可能 p。}{所以,不必然 p。} \quad 即 \quad \frac{\neg(\Diamond p)。}{所以,\neg(\Box p)。}$$

例如:

$$\frac{张三不可能是小偷。(可能 p 假)}{所以,张三不必然是小偷。(必然 p 假)}$$

(4)由可能非 p 假,可以推出必然非 p 假,其逻辑结构式为

$$\frac{不可能非 p。}{所以,不必然非 p。} \quad 即 \quad \frac{\neg(\Diamond \neg p)。}{所以,\neg(\Box \neg p)。}$$

例如:

$$\frac{并非张三可能不是小偷。(可能非 p 假)}{所以,并非张三必然不是小偷。(必然非 p 真)}$$

(四)根据矛盾关系进行的模态推理

矛盾关系是指必然 $p(\Box p)$ 与可能非 $p(\Diamond \neg p)$ 两个模态判

断,以及必然非 p（□˥p）与可能 p（◇p）两个模态判断之间的真假关系,它们具有如下逻辑特征:

(1)已知一个模态判断真,可以推出另一个模态判断必假。

(2)已知一个模态判断假,可以推出另一个模态判断必真。

根据矛盾关系,可以由真推假,也可以由假推真,有如下八个有效形式:

(1)由必然 p 真,可以推出可能非 p 假。

(2)由必然 p 假,可以推出可能非 p 真。

(3)由可能非 p 真,可以推出必然 p 假。

(4)由可能非 p 假,可以推出必然 p 真。

(5)由必然非 p 真,可以推出可能 p 假。

(6)由必然非 p 假,可以推出可能 p 真。

(7)由可能 p 真,可以推出必然非 p 假。

(8)由可能 p 假,可以推出必然非 p 真。

二、模态三段论

所谓模态三段论,就是以模态判断为前提或结论的三段论。也可以说,模态三段论就是在三段论中引入模态词所构成的三段论。接下来,展开简单讨论。

(一)必然模态三段论

所谓必然模态三段论,具体是指在直言三段论的前提和结论中都引入"必然"模态词所构成的三段论。以直言三段论 AAA 式为例,必然模态三段论的推理结构形式为

所有 M 必然是 P。

所有 S 必然是 M。

所以,所有 S 必然是 P。

例如:

所有的足球运动员必然都会踢足球。

小明必然是足球运动员。

所以，小明必然会踢足球。

（二）可能模态三段论

所谓可能模态三段论，就是在三段论中引入"可能"模态概念而形成的模态推理。以直言三段论 AAA 式为例，可能模态三段论的推理结构形式为

所有的 M 可能是 P。

所有的 S 可能是 M。

所以，所有的 S 可能是 P。

例如：

他早晨上班迟到可能是由堵车造成的。

他今天的工作没有完成可能是由于早晨上班迟到。

所以，他今天的工作没有完成可能是由堵车造成的。

（三）必然和可能两种模态构成的三段论

必然和可能混合的模态三段论就是在三段论的两个前提中，一个前提引入"必然"模态概念，另一个前提引入"可能"模态概念而形成的模态推理。以直言三段论 AAA 式为例，它的推理形式为

所有 M 必然是 P。

所有 S 可能是 M。

所以，所有 S 可能是 P。

例如：

所有野兽必然会跑。

这个动物可能是野兽。

所以，这个动物可能会跑。

（四）必然和性质混合构成的三段论

必然和性质混合的模态三段论就是在三段论的一个前提中

引入"必然"模态概念，另一个前提仍是直言（性质）判断的模态推理。以直言三段论 AAA 式为例，它的推理形式为

所有 M 必然是 P。

所有 S 是 M。

————————————

所以，所有 S 必然是 P。

例如：

所有的大科学家必然都具有求实精神。

牛顿是大科学家。

————————————

所以，牛顿必然具有求实精神。

（五）可能和性质混合构成的三段论

可能和性质混合的模态三段论就是在三段论的一个前提中引入"可能"模态概念，另一个前提仍是性质判断的模态推理。以直言三段论 AAA 式为例，它的推理形式为

所有 M 可能是 P。

所有 S 是 M。

————————————

所以，所有 S 可能是 P。

例如：

不注意用眼卫生可能会眼睛近视。

小明不注意用眼卫生。

————————————

所以，小明可能会眼睛近视。

事实上，以上五种模态三段论的形式中，每一种形式都各有四个格，而每个格又有众多可能的式，于是模态三段论有数目惊人的可能的式。在众多的式中，判定一个模态三段论是否有效，一般根据以下规则：

（1）必须遵守直言三段论的规则。

（2）如果两个前提都是必然判断，则结论可以是必然判断。

（3）如果前提中有一个可能判断，或两个前提都是可能判断，则结论只能是可能判断。

（4）如果一个前提是必然判断，一个前提是性质判断，结论一般只能是性质判断或可能判断；但当大前提是必然判断，或者小前提是必然否定判断时，结论可以是必然判断。

在逻辑思维中，凡是符合上述规则的模态三段论就是有效的，违反其中任何一条规则的模态三段论都是无效的。

第七章 善于总结：归纳与类比推理

归纳推理与类比推理是逻辑学中用于总结的两大推理方法。归纳推理的主要特点是由个别性的前提得出一般性的结论。除完全归纳推理外，其他归纳推理的结论都是或然的。归纳推理和演绎推理既有联系又有区别。类比推理既不同于从一般推向个别的演绎推理，又不同于从个别推向一般的归纳推理，它是从特殊推向特殊的推理，其结论是或然性的。本章就针对归纳与类比推理展开讨论。

第一节 归纳推理概述

一、归纳推理的含义与结构

在现实世界中，任何个别事物都是单独的、特殊的、具体的，都有它特有的属性；任何一般事物都存在于个别事物中，是个别事物的共同性。个别事物不能脱离一般事物而存在，一般事物必须通过个别事物而存在。这种个别和一般的辩证关系，就是归纳推理的客观基础。换句话说，所谓归纳推理，就是从关于个别对象或部分对象的一些已知判断出发，导出一个关于全部对象的新判断的推理。例如：

燕子会飞，

麻雀会飞，

天鹅会飞，

鸽子会飞，

……

燕子、麻雀、天鹅、鸽子……都是鸟，

所以，所有的鸟都会飞。

上述推理就是一个归纳推理，归纳推理的一般形式为

S_1 是（或不是）P，

S_2 是（或不是）P，

……

S_n 是（或不是）P，

$S_1 \sim S_n$ 是 S 类的全部或部分对象，

所以，所有的 S 都是（或不是）P。

在上述公式中，"S"表示一般性的事物类，"$S_1 \sim S_n$"表示个别事物或特殊事物类，可以是 S 类的全部或部分分子。前提中的诸判断是以单独概念为主项的单称判断或以普遍概念（种）为主项的全称判断，结论是以普遍概念（属）为主项的全称判断。前提与结论中主项的关系是种属关系，推理过程是由种到属的认识过程，即由个别或特殊到一般的过程。

归纳推理的特点是，结论所断定的范围超出了前提所断定的范围。前提与结论之间的联系不是必然的，即前提真，结论未必真。归纳推理是或然推理。

在人们的实际生活中，归纳推理能帮助人们在认识个别事物或现象的基础上，进一步把握事物的普遍性规律，因而是人们探索和发现事物规律性的一种十分有用的工具。

二、归纳推理的种类

根据归纳推理的前提是否涉及了一类事物中的全部对象，可将所有的归纳推理分为两类，一类是完全归纳推理，另一类是不完全归纳推理。在传统逻辑学中，不完全归纳推理又包括简单枚举归纳推理、科学归纳推理及求因果五法三种。简单枚举归纳推

理是以经验的认识为主要依据，从某种事例的多次重复而又未发现反例，来推出一般性的结论；科学归纳推理则是以科学理论作为指导，从探索不同现象间的因果联系出发，来推出一般性的结论；而求因果五法主要是探求不同现象间因果联系的推理或方法，也是从个别对象的情况推导出一般性的结论。此外，还有属于现代归纳逻辑的两种不完全归纳推理，即概率归纳推理和统计归纳推理。它们是运用数学方法进行定量分析的归纳推理。

三、归纳推理与演绎推理的关系

人类认识世界的过程是一个由个别到一般、又由一般到个别的过程。这是一个非常丰富和复杂的过程，在这个过程中演绎推理和归纳推理都起着非常重要的作用。演绎推理是从一般的原理、原则，推出关于个别事物的结论；而归纳推理则是从个别事例，推出一般的原理、原则。在人类认识世界的过程中，这两者既有着紧密联系又有区别。

（一）归纳推理与演绎推理之间的联系

一般的原理、原则等都不是主观自生的，而是人们在实践中对个别具体事物抽象概括出来的。在人们认识事物、研究问题的过程中，归纳和演绎是交替使用的，没有归纳，演绎的前提就无法形成，没有演绎，归纳的成果将无法扩大和深化。具体地说，归纳推理与演绎推理之间的相互联系主要表现在以下两个方面：

（1）演绎推理离不开归纳推理。因为演绎推理是以表达一般性知识的判断为前提，然后推出特殊的判断作结论的推理，而一般性知识的获得往往是归纳推理的结果。而且，演绎推理的各种形式和推理规则，也是人们对思维活动进行归纳的产物。所以，可以说没有归纳推理就没有演绎推理，演绎推理依赖于归纳推理。

（2）归纳推理离不开演绎推理。因为归纳推理的前提是一些表达个别性知识的命题,而要获得这些表达个别性知识的命题,人们就要用观察、实验、调查等方法收集资料,然后进行分析、分类,这些都离不开理论的指导。

总之,在实际思维过程中,归纳推理中有演绎推理,演绎推理中也有归纳推理。二者互相依赖,互相补充,相辅相成。有时以归纳为主,有时又以演绎为主,它们是不可分割的。

(二)归纳推理与演绎推理之间的区别

进一步分析可知,归纳推理与演绎推理之间又有如下区别:

(1)思维进程的方向不同。归纳推理表现为由个别性知识推出一般性知识,而演绎推理则表现为由一般性知识推出个别性知识。两者思维进程正好相反。

例如:

①张先生被告有权辩护,

李小姐被告有权辩护,

刘奶奶被告有权辩护,

朱大爷被告有权辩护,

张先生、李小姐、刘奶奶、朱大爷是所有被告,

所以,所有被告都有权辩护。

②所有被告都有权辩护,

所以,张先生被告有权辩护。

上述两个推理中,①是一个归纳推理,其思维进程表现为由个别到一般;②是一个演绎推理,其思维进程表现为由一般到个别。

(2)结论断定的范围不同。归纳推理是把分散的、一个别的知识加以概括,推出一般性的知识,一其结论断定的范围往往比前提断定的范围要大;演绎推理其结论断定的范围不会超出前提断定的范围。

例如:

①金加热后体积会膨胀。

银加热后体积会膨胀。

铁加热后体积会膨胀。

金、银、铗都是金属。

——————

所以，金属加热后体积会膨胀。

②金属加热后体积会膨胀。

铁是金属。

——————

所以，铁加热后体积会膨胀。

在上述两个推理中，①是一个归纳推理，其结论断定的范围就远远超出前提断定的范围；②是一个演绎推理，其结论断定的范围就没有超出其前提断定的范围。

（3）前提与结论联系的性质不同。归纳推理（完全归纳推理除外）的前提与结论之间不具有蕴涵关系，是或然联系，即使前提为真，结论也未必为真。演绎推理的前提与结论之间具有蕴涵关系，是必然性联系，如果前提是真实的，形式有效，结论是必然为真的。

第二节　完全归纳推理

一、完全归纳推理的含义与特点

所谓完全归纳推理，具体是指根据某类事物中每一对象都具有或不具有某种属性，推出该类事物的全部对象都具有或不具有某种属性的推理，其逻辑形式为

S_1 是（或不是）P，

S_2 是（或不是）P，

……

S_n 是（或不是）P，

$S_1 \sim S_n$ 是 S 类的全部对象，

——————

所以，所有的 S 都是（或不是）P。

例如：

2016 年北京市常住人口数量没有超过 2500 万，

2016 年上海市常住人口数量没有超过 2500 万，

2016 年广州市常住人口数量没有超过 2500 万，

2016 年深圳市常住人口数量没有超过 2500 万。

北京市、上海市、广州市、深圳市是中国大陆地区全部一线城市。

所以，2016 年中国大陆地区所有一线城市的常住人口没有超过 2500 万。

通常情况下，完全归纳推理具有以下特点：

（1）前提对某一类事物的每一个对象都做了断定，无一遗漏。

（2）结论所断定的范围没有超出前提所断定的范围，前提与结论之间的联系是必然的，结论是真实可靠的。现代逻辑认为完全归纳推理是必然性推理。

二、完全归纳推理的要求、作用与局限性

（一）完全归纳推理的要求

根据完全归纳推理的特点，在进行完全归纳推理时必须遵循以下两条要求：

（1）前提中必须完全考察一类事物的全部对象，做到无一遗漏。但是有些类分子是无限的，完全归纳推理就无能为力了，在这样的情况下就只好依靠不完全归纳推理。

（2）前提要真实可靠，即每一个前提必须真实，有一个前提虚假，整个结论就错了。

例如：

某班有 30 人，

有 29 人的逻辑学考试成绩为优秀。

所以，这个班所有学生的逻辑学考试成绩都是优秀的。

这是一个完全归纳推理,但其结论是不可靠的,因为没有考察全部对象,遗漏的那个学生可能正好不是优秀。因此,为了保证前提都真实,就要对全部对象逐一进行考察,且每个前提都真实,归纳的结论才正确。

(二)完全归纳推理的作用

完全归纳推理在逻辑思维实践中的应用十分广泛,其主要作用表现如下:

(1)完全归纳推理具有发现新知识的作用。完全归纳推理使人们的认识由个别上升为一般,从而具有特殊的认识作用。例如,著名数学大师高斯 10 岁时,他的数学老师给他们出了一道十分复杂的数学运算题,即计算 $1+2+3+4+\cdots+99+100$ 的值。老师心想,要加这么多数目,可得费一番工夫,而且稍不留神,就可能出错。可是,没过多久,高斯就举手说出了正确答案。老师感到十分吃惊,高斯怎么这么快就得出了正确答案呢?原来高斯发现这一连串要加的数目中,第一项与倒数第一项,第二项与倒数第二项,第三项与倒数第三项,……每对的和数全都为 101,即

$$1+100=101,$$
$$2+99=101,$$
$$3+98=101,$$
$$\cdots\cdots$$
$$50+51=101。$$

一共 50 对,因此这个算术题的计算结果是 $50\times101=5050$。高斯在寻找答案的过程中,应用的就是完全归纳推理。

(2)完全归纳推理具有论证作用。因为完全归纳推理的前提与结论之间存在着必然的联系,所以人们可以通过对前提中的每一对象进行考察并确定,从而达到对一般性结论的确定和证明。例如,在证明三段论一般规则中"两特称前提不能得结论"和"前提中有一特称判断,则结论必特称"时,就是列举了两特称前提的一切情况和前提中有一个特称判断的所有情况,运用完全归纳推

理进行论证的。

（三）完全归纳推理的局限性

完全归纳推理也有局限性，因为它要考察所有的对象。当对象数量有限时，运用完全归纳推理有它的优越性，可是，当人们所要认识的事物对象数量非常大，甚至无限多时，就很难甚至根本无法使用完全归纳推理。例如，谚语"天下乌鸦一般黑"、开普勒的行星运动三大定律等就不是运用完全归纳推理所能得到的。在上述两种情形下，人们如需认识这些事物的一般属性时，通常会使用不完全归纳推理的方法。

第三节　不完全归纳推理

一、不完全归纳推理的含义与特点

所谓不完全归纳推理，就是根据某类事物中的部分对象具有或不具有某一属性，推出该类全部对象具有或不具有该属性的结论的归纳推理。例如，我国古代的一些谚语"瑞雪兆丰年""蚂蚁搬家，大雨哗啦哗"等，就是实际运用了不完全归纳推理。不完全归纳推理的逻辑形式为

S_1 是（或不是）P，

S_2 是（或不是）P，

……

S_n 是（或不是）P，

$S_1 \sim S_n$ 是 S 类的部分对象。

所以，所有的 S 都是（或不是）P。

例如：

北京实行限制汽车尾气排放，空气质量得以提高。

天津实行限制尾气排放,空气质量得以提高。

西安实行限制汽车尾气排放,空气质量得以提高。

石家庄实行限制汽车尾气排放,空气质量得以提高。

北京、天津、西安和石家庄是中国北方的大城市。

所以,北方实行限制尾气排放的城市,空气质量都得以提高。

上述推理就是一个不完全归纳推理,显然,中国北方的大城市不止北京、天津、西安和石家庄。

与完全归纳推理相比,不完全归纳推理具有如下特点:

(1)不完全归纳推理的前提是某事物的部分对象;而完全归纳推理的前提是某类中的全部对象。

(2)不完全归纳推理的结论超出了前提所断定的范围,前提与结论之间的联系是或然的,是或然推理,故结论也是或然性的;而完全归纳推理的结论没有超出前提所断定的范围,故结论是必然性的。

根据前提中是否考察了事物对象与其属性间内在联系,不完全归纳推理分为简单枚举归纳推理和科学归纳推理,下面展开详细讨论。

二、简单枚举归纳推理

简单枚举归纳推理又称简单枚举法,它是根据某类中部分对象具有或不具有某种属性,并且未遇反例的前提,推出该类全部对象具有或不具有该属性的结论。简单枚举归纳推理的逻辑形式为

S_1 是(或不是)P,

S_2 是(或不是)P,

……

S_n 是(或不是)P,

$S_1 \sim S_n$ 是 S 类的部分对象,枚举中未遇反例。

所以,所有的 S 都是(或不是)P。

例如：

$6=3+3$，

$8=3+5$，

$10=3+7=5+5$，

$12=5+7$，

$14=3+11=7+7$，

6，8，10，12，14 是大于 4 的偶数。

所以，所有大于 4 的偶数都可以写成两个素数之和。

上述推理就是一个简单枚举归纳推理。前提中考察了部分大于 4 的偶数都具有可写成两个素数之和的属性，没有遇到相反的情况，于是推出"所有大于 4 的偶数都能写成两个素数之和"的一般性结论。这就是著名的哥德巴赫猜想。

事实上，简单枚举归纳推理的前提只枚举了一类事物中部分对象的属性情况，没有枚举一类事物所有个体对象的情况，然后就大胆地从中推出一般性的结论。从认识方向上看，这是从已知推向未知，从过去推向未来。

为了提高简单枚举归纳推理结论的可靠程度，必须注意以下三点：

（1）前提中考察的对象要尽可能多些。一类事物中被考察的对象越多，其结论的可靠程度也就越大。这一特点一般表现在一类事物所含有的个体对象为有限数目时；当一类事物所含个体对象数目为无限多时，即使考察的对象再多，也难以提高其结论的可靠程度。

（2）前提中考察对象的范围要尽可能广些，特别要注意一些最容易出现相反情况的场合。一类事物被考察的对象范围越广，其结论的可靠程度也就越大。如果在一些最容易出现相反情况的场合下都没有发现例外情况，则说明某类事物遇到反例的可能性极小，其结论的可靠程度自然也大大提高。

（3）随时注意观察有无相反事例。简单枚举归纳推理只要在前提中发现一个相反事例，结论就被推翻。所以在观察时要随时注意相反事例的存在。只有观察得越深入、越仔细，结论的可靠性才越大。

　　简单枚举归纳推理的局限性是容易发现和理解的。由简单枚举归纳推理做出的结论，只是初步的结论，不是最终的结论。它可能真，也可能假。因此，它的结论不是很可靠的。因为，在人们经验认识中，可能是没有遇到反例，但并不等于反例不存在，就像当时说"天鹅都是白的"一样，人们考察了欧洲、亚洲、非洲、美洲，结果是一样的，从而得出"所有的天鹅都是白的"的结论。这就是经验认识过程中未遇到反例，可是在后来，人们在澳洲发现了黑天鹅，一下子就把原有的结论推翻了。

　　在逻辑思维实践中，简单枚举归纳推理的作用十分广泛，其作用主要表现在如下两方面：

　　（1）简单枚举归纳推理是人们日常生活、工作经验概括的重要手段。如人们常说"冰冻三尺，非一日之寒""谦虚使人进步，骄傲使人落后""八月十五云遮月，正月十五雪打灯""天下乌鸦一般黑"等，都是根据生活中多次重复的事例用简单枚举归纳推理概括出来的。

　　（2）简单枚举归纳推理是科学研究的辅助手段。人们在科学研究中经常要使用观察、实验的方法。在这些方法的运用过程中，经常会出现一些用已有的理论不能解释的现象，这时就可以运用简单枚举归纳推理，把一些意外发现的事实当中所蕴含的普遍性、规律性，做出一种初步的假定性解释。

三、科学归纳推理

　　科学归纳推理也叫科学归纳法，是以科学理论指导分析的，由探索某类思维对象的部分与其某种属性之间的内在联系而推出一般性知识为结论的不完全归纳推理。科学归纳推理的逻辑形式为

　　S_1 是（或不是）P，

S_2 是（或不是）P，

……

S_n 是（或不是）P。

$S_1 \sim S_n$ 是 S 类的部分对象，并且 S 与 P 有因果联系。

所以，所有的 S 都是（或不是）P。

例如：

鸡大量食用发霉花生成批死去，

鸭大量食用发霉花生成批死去，

鸽子大量食用发霉花生成批死去，

羊大量食用发霉花生成批死去，

白鼠大量食用发霉花生成批死去。

科学研究表明，发现发霉的花生含有大量黄曲霉素，而黄曲霉素与致癌有必然联系。

所以，所有大量食用发霉花生的动物都会成批死去。

在客观世界中，事物对象可以在不同条件的作用下呈现为一种现象，也可以呈现为另一种现象。那种导致现象产生的条件也是一种现象，可称之为原因；而那些条件现象所产生的结果，可称之为结果。个体对象总是现象和内在本质的矛盾统一体。

科学归纳推理不仅在前提中枚举了某类事物中部分对象具有某种性质，而且还在前提中揭示了这种性质形成的原因，即揭示了关于对象的两种不同现象之间的因果联系。当人们不仅在浅层次上看到了某类事物部分对象所具有的属性，而且还在深层次上了解和把握了关于对象的不同现象间的因果联系，就可以运用科学归纳推理推出关于该类事物所有个体对象的一般性结论。在科学归纳推理中，探索和把握对象所表现出的不同现象之间的因果联系是关键。但由于人们的认识受主客观条件的限制，这使得人们关于事物不同现象间因果联系的认识只能是相对的、有条件的，因而是近似的、易错的，不是客观必然的绝对真理，因而，科学归纳推理仍然是一种或然性推理。

综上所述，为了提高科学归纳推理结论的可靠程度，必须注意的以下问题：

（1）必须对被考察对象不同现象间的因果联系有一确切的描述。这种描述不仅要求定性，而且还要求定量。

（2）对不同现象间的因果联系，必须要结合已有的正确理论进行科学的分析和解释，提高对现象间因果联系断定的可靠性，从而提高结论的可靠程度。

科学归纳推理与简单枚举归纳推理之间既互相联系，又互相区别。二者之间的联系主要表现为如下两个方面：

（1）它们都是不完全归纳推理，都没有考察某类事物的全部对象。

（2）它们的结论所断定的范围都超出了前提断定的范围。

二者之间的区别主要表现为以下三个方面：

（1）二者的推理根据不同。科学归纳推理是以分析事物与属性之间的必然联系为依据的；而简单枚举归纳推理是以观察某一事物情况的重复出现而又没有发现反例为依据的。

（2）前提数量的多少，对结论的意义不同。对科学归纳推理来说，前提数量的多少，对结论的可靠性并不起主要作用，只要真正揭示了事物对象与其属性间的因果联系，就可以得出非常可靠的结论；而简单枚举归纳推理是要求前提数量尽可能得多，这样得出的结论可靠性也就越大。

（3）二者结论的可靠程度不同。科学归纳推理结论的可靠程度高于简单枚举归纳推理。因为科学归纳推理在前提中考察了一类事物对象与其属性间的因果联系，是建立在科学分析的基础之上的，这种方式显然是优于仅凭经验次数的众多而得结论的简单枚举归纳推理。当然结论的可靠程度也就得到了加强。

当然，科学归纳推理与简单枚举归纳推理的区别只是相对的。简单枚举归纳推理虽然是以经验事实为主要依据，但经验认识总是在一定理论指导下进行的，所以，简单枚举归纳推理中往往渗透着某种科学分析的因素。科学归纳推理以分析现象之间的因果联系为主要依据,而科学分析必须在一定经验认识的基础上才能实现,因此科学归纳推理又总是与经验的积累密切相关。

第四节　探求因果联系的逻辑方法

客观事物或现象之间存在普遍的联系,这种普遍联系最直接地表现为因果联系。如果某一事物或现象的存在必然引起另一事物或现象的产生,那么这两种事物或现象之间就存在因果联系。引起其他事物或现象产生的事物或现象叫原因,由于某一事物或现象的作用而产生的事物或现象叫结果。

因果联系具有三个特点,即先后性、确定性与复杂性。所谓因果联系的先后性,具体是指原因在先,结果在后,前因后果。但是,也要注意前后相继是因果联系的一个重要特征,而不是唯一特征,它们之间还要有引起与被引起的关系,否则就会犯"以先后为因果"的错误。例如,闪电和雷鸣前后相继,但闪电并不是雷鸣的原因,二者有一个共同的原因:带电云块之间的相互碰撞。所谓因果联系的确定性,从质的方面讲,就是在同样的条件下,同样的原因会产生同样的结果;从量的方面讲,就是原因发生了量的变化,一定会反映在结果中。所谓因果联系的复杂性,具体是指因果联系是多种多样的,有一因一果,也有多因多果;在多因多果中,有主要原因,也有次要原因;有远因,也有近因等。

在逻辑学中,探求因果联系的逻辑方法,又称"穆勒五法"或"排除法归纳推理",这类方法是由英国逻辑学家约翰·穆勒根据培根的"三表法"发展而来的,具体包括求同法、求异法、求同求异并用法、共变法和剩余法。如果说,归纳逻辑属于科学方法范畴,那么穆勒五法堪称典型。因为它的结论是从有计划、有目的、刻意安排的观察和实验等科学方法中得到的,有较大的归纳强度。接下来展开对探求因果联系的逻辑方法的讨论。

一、求同法

求同法也称契合法,它是根据被研究对象出现的若干不同的场合中只有一个相关因素相同,从而确定这个唯一相同因素与被研究对象之间存在因果联系。求同法的逻辑形式可以表示为

场合	先行情况	被研究对象
(1)	A,B,C	a
(2)	A,D,E	a
(3)	A,F,G	a

……

所以,A 是 a 的原因。

有的时候,求同法的逻辑形式也可以表示为

A,B,C,D 伴随着 a,b,c,d 而出现,

A,E,F,G 伴随着 a,e,f,g 而出现。

所以,A 是 a 的原因或结果。

例如:

人们摩擦冻僵了的双手,手便暖和起来。

人们敲击冰冷的石块,石块能发出火花。

人们用锤子不断地锤击铁块,铁块也可以热到发红。

所以,运动能够产生热。

这是 18 世纪俄国科学家罗蒙诺索夫做过的一个推论,是利用求同法探究因果联系的一个典型实例。"热现象"(即"暖和""发出火花""热到发红")出现在几种不同的场合,而不同场合的具体现象各不相同,它们只有一个共同的情况或现象,即都存在着运动(摩擦、敲击、锤击,都是一种运动),因此罗蒙诺索夫便做出推论:只有这个唯一的共同现象"运动",才可能是被研究的共同现象"生热"的原因。

求同法的特点就是异中求同,即通过排除事物现象间不同的

因素,寻找共同的因素来确定被研究现象的原因。当然,运用求同法探求因果联系时,有两方面的要求,一方面是,不同场合中出现的结果相同;另一方面是,先行情况中只能有一个情况是共同的。

求同法是探求因果联系的初步方法,很多时候其结论并不可靠,只是用于提出关于事物或现象之间因果联系的初步假设。为了提高结论的可靠程度,运用求同法应该注意以下两点:

(1)要注意各场合有无其他的共同因素。也许在我们所考察的几个具体场合中,那个都出现的共同现象,可能和我们研究的现象毫无关系,而这时在那些不同的现象中却可能含有一个共同的因素,而它恰好是被研究现象的原因(或结果)。

(2)要注意在尽可能多的场合进行比较。运用契合法所得结论的可靠性,既和所考察场合的数量有关,也和各个场合中不相同现象之间的差异程度有关。考察的场合越多,各个场合不相同现象之间的差异越大,运用契合法所得的结论就越加可靠。

最后需要特别指出的是,求同法有其局限性,它适用于探求比较简单的因果联系,如一因一果、单因单果,不太适用于探求比较复杂的因果联系。

二、求异法

求异法也称差异法,它是根据被研究对象出现和不出现的两个场合中,其他相关因素都相同,只有一个相关因素不同,从而确定这一差异因素与被研究对象之间存在因果联系。求异法的逻辑形式可以表示为

场合	先行情况	被研究对象
(1)	A,B,C	a
(2)	$-,B,C$	$-$

所以,A 是 a 的原因。

有的时候,求异法的逻辑形式也可以表示为

A,B,C 伴随着 a,b,c 而出现，

B,C 伴随着 b,c 而出现。

所以，A 是 a 的原因或结果。

例如：人们都知道蝙蝠的飞行技巧异常高超，不管是在茂密的树林中，还是在漆黑的岩洞中，都能飞行自如并捕捉住昆虫，因而人们都认为蝙蝠有异常敏锐的双眼。为了证实这个观点人们甚至把蝙蝠的双眼罩住，或使之失明，结果蝙蝠依然能够正常飞行，丝毫不受影响。那么到底是什么原因呢？科学家们继续试验，把蝙蝠的双耳塞住，结果人们惊奇地发现，原来飞行自如的蝙蝠一下子失去了所有的丰采，毫无建树。只有人们把它耳朵中的塞子拔掉以后，它又能恢复如初。显然这个实验证明蝙蝠实际上是用双耳来"看"东西的。后来科学家进一步用超声波仪器对蝙蝠进行实验，结果确证蝙蝠是用超声波来定位的。即蝙蝠在飞行时它的喉内产生超短波，通过口或鼻孔发射出来，被食物或障碍物反射回来的超声波信号，由它们的耳朵接收，并据此判定目标和距离。

这个实例就是一个典型的差异法，它的实验分两步，把耳朵塞上是一种情况，拿下来又是另一种情况，在其他条件都相同的情况下，从中确定真正的原因。

求异法的特点是同中求异，从两个场合的差异中探求因果联系。在运用求异法探求因果联系时有两方面的前提要求，一方面是，两种场合需要有两种不同结果；另一方面是，先行情况中只有一个情况不同，其他情况必须相同。

求异法与求同法相比，有更广泛的认识作用，具体表现在如下两个方面：

（1）求异法的适用范围更广泛。求同法常用于观察，求异法主要应用于实验。应用于实验的求异法比应用于观察的求同法应用范围要广泛得多。

（2）求异法的可靠性更大。求异法考察了某种情况出现的正反两种场合，而且通过实验还可排除各种偶然因素的干扰，进行

比较准确的分析研究。实验还具有重复性，可以对得出的结论进行反复验证。所以，主要运用于实验的求异法的结论更可靠。

虽然求异法的可靠程度要比求同法大一些，但仍是或然的。为了提高求异法所得结论的可靠程度，应注意以下两点：

(1)要注意两个场合有无其他差异现象。在运用求异法时，严格要求两个场合其他现象完全相同。如果在其他现象情况中还隐藏着另一个差异的情况，那么这一情况可能恰好就是被研究现象的真正原因(或结果)。例如，李明曾有段时间每当上课时就头疼，而不上课时头就不疼了。他因此断言，引起他头疼的原因是上课。后来老师发现，李明眼睛轻度近视，上课时戴眼镜，而平时则不戴；老师又了解到李明的眼镜配得不好，一戴就头晕头疼。实际上，佩戴不合适的眼镜才是李明头疼的真正原因。李明原来的看法就是求异法的误用。

(2)要注意两个场合之间唯一不同的现象是被研究现象的整个原因，还是被研究现象的部分原因。如果被研究现象的原因是复合的，而且各个部分原因的作用均不相同，那么，当复合原因的一部分现象消失时，被研究现象也就消失了。在这时，就不应该浅尝辄止、以偏概全，将部分原因认作是全部原因，而应该继续深入下去，探求被研究现象的复合原因。

三、求同求异并用法

求同求异并用法也称契合差异并用法，它是根据被研究对象出现的一组场合中，都有一个相同因素，在被研究对象不出现的场合中，都没有这个因素，从而确定这一因素与被研究对象之间存在因果联系。求同求异并用法的逻辑形式可以表示为

	场合	先行情况	被研究对象
正事例组	(1)	A, B, C	a
	(2)	A, C, D	a
	(3)	A, D, E	a

负事例组	(1)	$-,E,F$	$-$
	(2)	$-,F,G$	$-$
	(3)	$-,G,H$	$-$

所以，A 是 a 的原因。

例如，人们在研究有犯罪嫌疑而被留置盘问者的心理时，对两组样本进行比较分析：一组样本的文化程度、性格（仅作"内向""外向"之别）、年龄和性别都不相同，但都有多次犯罪记录，结果发现这一组样本都没有道德感、内疚感，缺乏正常的同情心和怜悯心；另一组样本的文化程度、性格、年龄和性别也都不相同，但都是初犯，接触中发现这一组样本可以从不同角度唤醒其良知。于是我们归纳出一条结论：惯犯和累犯不具有正常的社会情感。

不难发现，求同求异并用法的特点是两次运用求同法，一次运用求异法，最后得出结论，具体步骤如下：

（1）在正面场合求同。把某种结果出现的正面场合的各个事例加以比较，找出正面场合中存在的共同情况 A，而这个共同情况 A 就可能是同一结果 a 产生的共同原因。

（2）在反面场合求同。把某种结果不出现的反面场合中的各个事例加以比较，找出反面场合的共同情况，所有反面事例中 A 都不存在。由此可推之，A 不存在可能是结果 a 没有发生的共同原因。

（3）在正负事例组之间求异。把前两步比较得到的结果再加以比较，找出正面场合和反面场合的相异点：在正面场合，有 A 就有 a；在反面场合，无 A 就无 a。所以，A 是 a 的原因。

求同求异并用法的重点在于求异，由于它是经过正负两个方面的考察和比较，即原因存在，结果就产生，原因不存在，结果也就不发生，因而得到的结论比单纯用求同法或求异法所得的结论要可靠得多。

为了进一步提高所得结论的可靠程度，运用求同求异并用法探求因果联系时应注意的以下两点：

（1）考察的正负事例组越多，结论的可靠性也就越大。

（2）负事例组与正事例组的事例越相似，结论的可靠性也就越大。就是说，对于反面场合的各种情况，应选择与正面场合较为相似的来比较，因为反面场合无限多，它们对于探求被研究现象的因果联系并不都是有意义的，反面场合的情况与正面场合的情况越相似，结论的可靠程度就越高。

四、共变法

所谓共变法，就是根据被研究对象出现的若干场合中，其余相关因素保持不变，只有一个相关因素发生不同程度的变化，而被研究对象也随之发生相应的不同程度的变化，从而确定这一相关因素与被研究对象存在因果联系。共变法的逻辑形式可以表示为

场合	先行情况	被研究对象
（1）	A_1,B,C,D	a_1
（2）	A_2,B,C,D	a_2
（3）	A_3,B,C,D	a_3
……		

所以，A 是 a 的原因。

例如：为了证明落水者在水中的生命极限，人们通过测试发现，水温在 0℃时，人的生命极限是 15 分钟；水温在 2.5℃时人的生命极限是 30 分钟；水温在 5℃时，人的生命极限是 60 分钟；水温在 10℃时，人的生命极限是 3 小时；水温在 25℃时，人的生命极限是 24 小时。由此可见，当水温维持在 0～40℃时，水温越高，则落水者在水中的生命极限越长。

共变法是从现象变化的数量和程度来研究因果联系的。这种逻辑方法与前几种逻辑方法的不同特点在于它从定性分析转向定量分析。常见的共变形式有如下三种：

（1）同向共变。原因的某种量的增加（或减少）引起结果的某种量的增加（或减少），是同向共变。常见的同向共变是原因与结

果成正比例共变。如在压力不变的情况下,气体的温度和体积成正比例共变;温度上升则体积增大,温度下降则体积减小。

(2)异向共变。原因的某种量的增加(或减少)反而引起结果的某种量的减少(或增加),是异向共变。常见的异向共变是原因与结果的反比例变化。例如,在温度不变的情况下,压力和体积成反比例共变关系:压力增大则体积缩小;压力减少则体积增大。

(3)多向共变。两个现象的共变关系有一定的限度,同向共变关系超过一定的限度,就可能变成异向共变关系。例如,在一定限度内,水稻的密植可以增加产量;但超过一定限度,过度密植则可能减产。

共变法是以因果联系的量的确定性作为客观依据的,它不仅对因果联系进行定性描述,而且还进行定量描述,就此而言,它优于求异法。因此,在不能运用求异法的场合,可尝试运用共变法来探求现象间的因果联系。为了提高共变法结论的可靠程度,必须注意以下三点:

(1)要注意与被研究现象发生共变的情况是否为唯一的。人们往往会遇到这种情形:某一情况与被研究现象的共变不过是偶然的巧合,在各场合中还隐藏着另一种尚未发现的变化着的情况,而它恰好就是被研究现象的原因(或结果)。

(2)要注意各场合中唯一变化的现象与被研究现象之间,究竟是一种不可逆的单向作用,还是可逆的双向作用。不可逆的单向作用产生时,作为原因现象的变化引起作为结果现象的变化,但不能相反由果到因。可逆的双向作用产生时,作为原因现象的变化引起作为结果现象的变化,而后者又能引起前者的变化,前后两种现象互为因果。在研究现象间因果联系时,要尽可能分辨可逆的双向作用与不可逆的单向作用,以便明确研究对象,达到研究的目的。

(3)要注意认识通过共变形式所表现的因果联系的条件性、有限性。通过共变形式表现出来的现象间的因果联系是在一定条件下才存在的,当条件变化或消失时,现象间的共变关系就会消失,或者产生一种反向的共变关系。

五、剩余法

所谓剩余法,就是根据已知某一复合原因与被研究的复合现象之间存在因果联系,并且已知复合原因中的某部分与研究现象中的某部分之间的因果联系,从而确定复合原因中的剩余部分与被研究现象中的剩余部分存在因果联系。剩余法的逻辑形式可以表示为

复合原因 A,B,C 是复合现象 a,b,c 的原因。

已知 B 是 b 的原因。

已知 C 是 c 的原因。

所以,A 是 a 的原因。

例如,清朝被誉为清官的于成龙,在任县官时,邻县发生盗窃案,某大户人家被贼人洗劫。于成龙恰好去邻县。路上看见两个人用担架抬着病人,病人用被子盖着,只露出头来,头上别着凤钗,看来是个女人。抬担架的人很吃力,旁边还有两个壮汉子轮换着抬。于成龙心想,一个女人绝不会这样重,其中定有蹊跷,于是下令检查。结果担架上果然藏有大量的金银,正是邻县盗窃案的赃物。

于成龙能判断担架上除了女人还另有他物,就是运用了剩余法。因为一个人的重量是确定的,人们负重的能力,也大致清楚;而负担一个人的担架能使几个壮汉如此吃力,其中必定有除病人之外的其他原因。

剩余法的特点是"从余果求余因",其结论也是或然的,它适用于观察、实验和日常生活中,也是科学探索和司法工作必不可少的方法及手段。

为了提高运用剩余法所得结论的可靠程度,必须注意以下两点:

(1)必须确认复合现象的一部分是某个复合原因中的部分情

况所引起的，而且被研究的复合现象的剩余部分不可能是这些情况引起的。否则，就无法断定现象间的因果联系。

（2）成为先行复合现象剩余部分的原因不一定是单一情况，也有可能是复合情况。如果是后者，则还需要作进一步的分析，不能轻率地得出结论。

第五节　类比推理

一、类比推理的含义与特点

人们在思维过程中除了应用演绎推理、归纳推理以外，还应用类比推理。类比推理又称类推，具体是指根据两个对象在一系列属性上相同，而且已知其中的一个对象还具有其他的属性，由此推出另一个对象也具有同样的其他属性的推理。类比推理的逻辑形式可以表示为

A 对象具有属性 a,b,c,d。

B 对象具有属性 a,b,c。

所以，B 对象可能也具有属性 d。

上述逻辑形式中，"A"和"B"可以指两个类，也可以指两个个体，还可以其中一个指类、另一个指异类的个体。

例如，在我国古代传说中，鲁班有一次承接了建造一座大宫殿的工程需要很多木材，他叫徒弟上山去砍伐大树。当时还没有锯子，用斧子砍，一天砍不了多少棵树，木料供应不上，他很着急，就亲自上山去看看。山非常陡，他在爬山的时候，一只手拉着丝茅草，一下子就把手指头拉破了，流出血来。鲁班非常惊奇，一根小草为什么这样厉害？一时也想不出道理来。在回家的路上，他就摘下一棵丝茅草，带回家去研究。他左看右看，发现丝茅草的两边有许多小细齿，这些小细齿很锋利，用手指去扯，就划破一个

口子。这一下把鲁班提醒了,他想,如果像丝茅草那样,打成有齿的铁片,不就可以锯树了吗?于是,他就和铁匠一起试制了一条带齿的铁片,拿去锯树,果然成功了。有了锯子,木料供应问题就解决了。

在这个经典传说中,鲁班就是根据丝茅草与铁片的共同点的类比,再由丝茅草因有小细齿而更加锋利的事实推出结论:如果铁片边上刻上细齿,也将更加锋利。根据这样的推理,鲁班发明了锯子。

从思维过程的方向来看,类比推理与从一般到个别的演绎推理、从个别到一般的归纳推理都不相同,它是从特殊推出特殊的推理形式。根据不同的标准,可以把类比推理分为不同的类型。以类比对象是否相同或相似为标准,类比推理可以分为如下三种类型:

(1)正类比。正类比又叫同性类比推理。它是根据两个或两类对象有若干相同或相似的属性,推出另一个或另一类对象在其他属性上也相同或相似的推理。

(2)反类比。反类比也叫负性类比推理。它是根据两个或两类对象都不具有某些属性,而且已知其中一个或一类对象还不具有某种属性,从而推出另一个或另一类对象也不具有该属性的推理。进行反类比推理的目的,主要是要找出类比对象之间的不同属性,尤其是要注意分析这些不同属性中,有没有同推出属性不相容的属性。如果在不同的属性中,存在着与推出属性不相容的属性,即使类比的两个对象有着许多的相同属性,也不能通过类比而得出结论。

(3)合类比。合类比是正类比、反类比的综合运用。它是从两个或两类对象在一些属性上相同,推出它们在另一属性上也相同;同时,又从这两个和两类对象不具有某些属性,推出它们也不具有另一些属性的推理。

根据类比推理的含义与逻辑形式,可以发现其具有如下特点:

（1）从思维进程来看，类比推理主要是从个别到个别的推理，其前提和结论通常都是关于个别对象的断定。

（2）类比推理的结论不是一定可靠的。类比推理结论所断定的范围超出了前提的范围，结论所断定的内容是前提中所没有的。因此，当前提真时，结论未必真。正是基于这个意义，也可以把类比推理看成归纳推理。

二、提高类比推理结论可靠性的方法

容易发现，类比推理的前提与结论之间的联系也是或然的，其结论可靠程度可能较高，也可能较低。通常情况下，人们用如下几种方法来提高类比推理结论的可靠性程度：

（1）前提中确认的相同属性愈多，结论的可靠性程度就愈大。因为两个对象的相同属性愈多，意味着它们所属的类别就可能愈相近。这样，类推属性"d"就很可能为两个对象所共同具有。例如，一种新型高科技药物在临床应用之前，总是先在动物身上进行试验，以此来类推人体对该新型高科技药物可能的反应。由于高等动物在属性系统中比低等动物更接近于人类，所以，以高等动物做试验就比以低等动物做试验进行类推，其结论要可靠得多。但是也须注意，在很多情况下，类比的对象之间的类似之点过多，就会影响类比的启示作用。

（2）类比对象相同的本质属性越多，则结论的可靠程度越高。在客观事物的众多属性中，本质属性决定着非本质属性。如果两个对象的共有属性是本质方面的，并且这种共同本质属性越多，那么推出的结论可靠程度就越高。反之，拿那些非本质的属性或风马牛不相及的属性来进行类比，就很难得出正确的结论，甚至还会歪曲客观事实。例如，盐与糖从物理形态来看很相似，已知糖是甜的，我们推出盐也是甜的，那就与事实不符合了。但是也必须注意，非本质属性的类比，成功的可能性虽然小，但是也有成功的可能，这是类比推理结论或然性的一个表现。

（3）类比对象的共有属性与推出属性之间的联系越紧密，则结论的可靠程度就越高。类比推理结论的可靠程度决定于共有属性与推出属性之间的联系程度。如果共有属性与推出属性之间的联系紧密，结论的可靠程度就大；如果进行类比的对象，其属性与属性之间联系不紧密，就有可能是几种属性的"凑合"，那么结论的可靠性就不大。

（4）类比对象中如果存在着与推出属性相矛盾的情况，则推出的结论就不能成立。

（5）进行类比推理时，要注意避免犯"机械类比"的错误。所谓"机械类比"，是仅仅依据对象间表面相似或偶然相似的情况进行类比，从而导致荒谬结论的推理方式。

三、类比推理的作用

类比推理在人类认识活动中具有重要作用。尽管其结论是或然的，但却可以启发人们举一反三、触类旁通，从而找到解决疑难问题的灵感（新方法、新思路）。科学史表明上，许多科学理论的创立、科学发现的创造和科学技术的革新，以及日常生活实践中许多重大疑难问题的解决，都曾得益于类比推理。

（一）类比推理是探索真理、创新发明的重要手段

类比推理的结论具有或然性，同时也具有开放性，它使得类比推理在扩展人类现有知识、开拓人类文明领域的创造和发现活动中往往发挥着巨大的作用。它能触发人们创造的灵感，帮助人们提出科学假说，构建一条认识通向真理的桥梁。科学史上许多重要理论，最初都是借助与类比推理提出的，科学史上的许多重大发现都是应用类比推理取得的成果。无论是电话的发明，还是动物细胞核的发现、血液循环理论的发现、天王星及海王星的发现等，都谱写着类比推理在其中的作用。

例如，20世纪初，英国物理学家卢瑟福及其学生在做 X 粒子

散射实验时发现。在原子中有一个仅占原子体积极小部分(约十万分之一)但却具有原子质量绝大部分(99.97%)的核,而核外电子只有极小的质量。卢瑟福将原子内部的情况同太阳系的结构进行了类比,认为它们很相似。因为,太阳作为太阳系的核心,它具有太阳系总质量的99.87%,但只占太阳系空间的极小部分。并且,原子核与电子之间的电吸引力以及太阳与行星之间的万有引力,又都遵从与距离的平方成反比的规律。而已知的太阳系是由处于核心的太阳和环绕它运行的一系列行星构成的。由此,卢瑟福于提出了原子是由电子环绕带正电荷的原子核组成的原子结构的行星模型假设。

(二)类比推理是人们说理论证的手段之一

类比推理的结论是或然的,它不能单独作逻辑证明,但它确是证明的辅助工具,在人们表达思想、论证道理、驳斥谬误中有着重要作用。例如,有位贵妇人对新来的女佣说:"如果你不介意,我就叫你阿莲,这是我以前女佣的名字,我不喜欢改变我的习惯。"女佣说:"夫人,我太喜欢你这个习惯了,因为我也有这个习惯。因此,如果你不介意的话,我就叫你马先生吧。因为这是我以前主人的名字。"以类比推理的方法进行反驳,以其人之道,还治其人之身,不但使道理说得浅显易懂,而且有形象性、生动性,从而增强了说服力。无论是作为科学研究、发明创造的探索工具,还是作为说理论证的辅助工具,类比推理都是人们"由此及彼"的思维过程。因而,类比推理可以启发人思考、联想,开拓人的思路,发展、提高人的创造性思维能力。

(三)类比推理是仿生学的理论基础

仿生学是20世纪60年代出现的一门新兴学科。它应用类比推理的逻辑机理,专门研究生物的生理结构和功能,并模仿某些生物特殊的结构与功能创造出许多先进的技术设备。近年来,仿生学的理论和技术飞速发展,仿生学的技术成果也丰富多样。

仿生学专家模仿昆虫的翅膀,造出了振动陀螺仪,用于高速飞行的火箭和飞机;模仿蜜蜂的眼睛,造出了偏光天文罗盘,用于航海;模仿水母,造成了自动漂流的浮标站,用来进行气象预测;模仿海豚身体的外形和皮肤的结构,不断改进鱼雷,使鱼雷的射速大大提高。此外还有,电脑是对人脑的模拟,机器人对人体结构和功能的模拟等。目前,仿生技术的成果已广泛应用于科学技术和人们生活的各个领域,仿生学所创造的新成果正不断地将科学技术水平及人们的生活水平推进到新的高度。

第八章　有理有据：论证与反驳

在现实世界中，免不了要对客观事物情况做出这样或那样的断定；人与人之间也免不了要交流思想，要发表自己对某个问题的观点、看法。故而，人们需要通过一定的方式确定某个判断的真实性、正确性。论证就是以推理为基本工具，从一个或多个已知为真的判断出发，确定另一判断的真实性、正确性的思维过程，它是推理的应用。反驳是论证的一种特殊形式，它是用一个或一些真实的判断，确定另一判断虚假或它的论证不能成立的思维过程。本章将针对论证与反驳展开系统的讨论。

第一节　论证概述

一、论证的含义与特征

在日常的工作、生活与交流中，人们常常要表明对自己各种问题的看法，并且力图说明自己的看法是正确的，力图使别人相信、同意自己的意见。这就需要用一定的事实或科学理论作为根据，依赖一定的推理形式加以说明，从而确定自己看法的正确性。根据一个或一些已知为真的判断确立另一判断的真实性的思维过程就叫作论证。论证往往是借助于推理来进行的，而推理又是以概念为要素的判断构成的。因此，从某种意义上说，论证就是概念、判断、推理及其逻辑规则、逻辑规律的综合运用。例如，毛主席按以下层次对"一切反动派都是纸老虎"进行论述：

　　看起来,反动派的样子是可怕的,但是实际上并没有什么了不起的力量。从长远的观点看问题,真正强大的力量不是属于反动派,而是属于人民。在 1917 年俄国二月革命以前,俄国国内究竟哪一方面拥有真正的力量呢? 从表面上看,当时的沙皇是有力量的;但是二月革命的一阵风,就把沙皇吹走了。归根结底,俄国的力量是在工农兵苏维埃这方面。沙皇不过是一只纸老虎。希特勒不是曾经被人们看作很有力量的吗? 但是历史证明了他是一只纸老虎。墨索里尼也是如此,日本帝国主义也是如此。

　　上述实例就是一个典型的论证。在这个论证里,毛主席列举了"沙皇是纸老虎""希特勒是纸老虎""墨索里尼是纸老虎""日本帝国主义是纸老虎"这样一些已知为真的判断,令人信服地说明了"一切反对派都是纸老虎"这一科学论断。

　　根据论证的含义以及上述实例可知,论证是借助推理进行的,故而论证通常又称之为逻辑论证,其具有如下主要特征:

　　(1)论证是引用已知为真(包括事实证明为真)或者已被确认为真的一些判断,来确定另一个判断的真实性的证明方式。

　　(2)论证之所以能够通过一些判断的真实性,来确定另一判断的真实性,完全是依赖于前后两部分判断之间的推理关系来实现的。

二、论证的组成

　　根据前面关于论证的含义的讨论可知,论证必然要涉及证明什么、用什么证明、怎样证明三个基本的问题。因此,任何一个论证都包含了这样三个部分,即论题、论据和论证方式,这三大要素。

(一)论题

　　所谓论题,具体就是指通过论证要确定其真实性或虚假性的判断。例如,"人们经常说,教师就应受到社会尊敬,因为教师是人类文化的传播者。如果没有教师,如果教师受不到社会应有的尊敬,人类的文化知识财富无法继承。"在这个论证中,"教师就应受到社会尊敬"就是论证的论题。在议论文中,人们通常称论题为论点。然而必须注意的是,论题不等同于文章的标题。通常情况下,论题是一个命题,是一篇文章所要阐明的基本观点或主题;标题是文章的命名、题目。有的文章的标题和论题是一致的,有的则不一致。文章的标题与论题不一致的情况是复杂多样的。有的点明文章所要讨论的对象,有的指出文章出现的场合和性质,有的用疑问句提出问题,有的引用典故,有的借题发挥,有的干脆标一个"无题"等。在这种情况下,就需要分析全文,概括出论题。

在逻辑学中,论题可以分为如下两大类:

(1)重述性论题。所谓重述性论题,具体是指那些经过社会实践和科学实验已被证明为真实的判断,论题自身的真实性已被证明。论证的目的在于提示或说明论题的真实性,使人容易理解和接受,是传播真理的重要手段。

(2)探索性论题。所谓探索性论题,具体是指那些真实性有待于探索和证明的判断。论证的目的在于探求,为论题寻找理论的或事实的根据,以确定其论题的真实性和可行性。例如,关于新的思想观点、工程计划或工作方案的可行性论证,以及关于某种假说的论证,其论题差不多都属于这种探索真理的性质。

由于论证是为了确立论题的真实性而展开的,因此在设立论题的时候应当注意以下两个方面:

(1)设立的论题应当至少具有真实的可能性,如果论题明显虚假,却偏要论证它真实,那就难免陷入诡辩。

(2)设立论题要看对象,要看场合,要有针对性、有必要性。

(二)论据

所谓论据,具体是指支持论题真实性的根据,它以判断形式出现。例如,本节第一个实例中的"沙皇是纸老虎""希特勒是纸老虎""墨索里尼是纸老虎""日本帝国主义是纸老虎"这样一些已知为真的判断,都是论据。

论据与论题的区别是相对的而不是绝对的,只有根据判断与判断之间证明与被证明的关系来确定,孤立地就一个判断自身而言,无法说它是论题还是论据。在一个论证中,如果论题的某个论据的真实性不明显,那就还得把它作为论题加以证明。因此,同一个判断相对于被它证明的判断来说是论据,而相对于证明它的判断来说又是论题。正是这种层层证明的关系,构成一个完整的论证系统,使得论证常常表现出比较复杂的层次结构。在论证中,作为出发点而不必再给以证明的论据,称为基本论据或原始论据,这是最具有说服力的论据。例如,研究人员认为,园丁鸟的建筑风格是一种后天习得的,而不是先天遗传的。因为在观察雄性园丁鸟所构筑装饰精美的巢时发现,同一种类的不同园丁鸟群建筑的巢具有不同的建筑和装饰风格。而年轻的雄性园丁鸟在开始筑巢时却是很笨拙的,很显然要花许多年来观察年长者筑的巢才能成为行家能手。显然,该实例中作为论题"园丁鸟的建筑风格是一种后天习得的,而不是先天遗传的"之基本论据是"年轻的雄性园丁鸟在开始筑巢时却是很笨拙的",其他论据是由这一基本论据引申出来的。

在逻辑学上,基本论据主要包括如下三种:

(1)关于事实性的判断。这类判断的真实性不是通过论证可以确定的,它只能通过相关的事实来证明。例如,"李先生背部被砍了三刀""车祸现场附近没有血迹"等等,都是凭感官可以直接断定其真实性的判断,这类判断显然没有必要也不可能对它进行逻辑证明。它们的真实性只能对照相关事实或关于事实的调查材料来证实确定,而不能靠论证予以证明。

(2)法律规范判断依法做出的司法解释。由于这些判断体现的是立法者的意志,并且具有强制性,因此,确属法律规定,不论其内容是否妥当,在立法机关宣布废除以前它都是有效的,对它的真实性或者有效性不容置疑,当然也就不必加以论证。法律规范判断是确定某种行为是否合法,是否犯罪的基本论据。

（3）公理或科学原理。这类判断的真实性已经过实践检验,或者其真实性显而易见,因而也可以作为基本论据使用。

（三）论证方式

论证方式又称证明的形式或方法,是从论据到论题的推演过程中所采用的推理形式。它指出"怎样论证"的问题。如何将论题和论据联结起来,由论据推出论题,可以采用一种推理形式,也可以采用多种推理形式。例如,张先生是因为某种原因而被误杀的。因为张先生被杀的原因只有几种可能,即仇杀、财杀、情杀或者误杀。如果是仇杀,张先生生前必定与人有仇怨关系,然而调查证实,张先生生前朴实寡言,从未与人结过仇怨;如果是情杀,张先生生前就必定与人有过奸情,然而张先生一向为人正派,家庭关系甚好,夫妻和睦,无任何奸情迹象;如果是财杀,张先生必定有钱财引人注目,然而张先生却是全村出名的贫困户,多年来一直靠摆渡度日,收入甚微。因此,张先生只能是因某种特定原因而被误杀的。该论证就是采用三个充分条件假言推理的否定后件式推理形式,与一个相容选言推理的否定肯定式推理形式相结合作为其论证方式的。

三、论证与推理的关系

根据前面的讨论可知,论证与推理之间有着密切的联系。推理是论证的工具,论证是推理的应用,任何论证都要运用推理。论证与推理之间的联系主要表现为:论证必须借助于推理来进行,论证离不开推理,推理为论证服务。如图 8-1 所示,是论证和推理之间的结构关系图。通过该图可以看出,在论证与推理的关系中,论题相当于推理的结论,论证方式相当于推理形式,论据相当于推理的前提。

当然,论证与推理之间是有区别的,并非所有推理都是论证,二者之间的区别主要表现在以下几个方面：

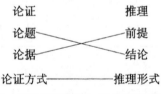

图 8-1　论证和推理之间的结构关系图

（1）思维活动的方向不同。推理是从已知前提出发,推导出某个结论,主要作用在于由已知推未知;论证则是先确定论题,然后为论题的真实性寻找理由或根据。因而从运用的意向性来说,推理带有某种自然的性质,论证则是有预定目的的思维。

（2）对作为根据的判断要求不同。单纯的推理并不要求它的前提必须为真。它既可以是已知为真的,也可以是已知为假的,甚至还可以真假待定,需要通过推理得出结论而加以验证的。论证则不同,它要求的论据必须为真,至少必须确定为真,否则就不符合论证的逻辑要求。

（3）对作为根据的判断与推出判断之间联系性质的要求不同。由于推理的作用主要在于探求真理,获得对客观事物的认识,因而它作为判断与推出的判断之间（前提与结论之间）的联系性质,可以是必然性的,也可以是偶然性的。论证的作用则主要在于提示、表述真理,目的是要通过论证以确定论题的真实性,使人承认论据就必须承认论题。因此,论据与论题之间的联系必须是必然性的,一般都是必然性推理;或然性推理不能起到独立证明论题的作用。

（4）论证与推理的结构复杂程度不同。一个论证通常不止一个推理。在一个结构比较复杂的论证中,不仅包含了若干推理,而且还往往要运用多种形式的推理,它是推理的综合运用。

四、逻辑论证与实践检验的关系

实践是检验真理的唯一标准,虽然论证能够用真实的判断确定另一个判断的真实性,但这决不意味着论证可以代替实践成为检验真理的标准。

　　实践检验是逻辑论证的基础。任何逻辑论证都是以实践为基础的,论证只是对实践中获得的认识的一种表达和反映。论证的论据必须是经过实践检验为真的判断;论证必须运用正确的推理形式,而正确的推理形式只能来自于实践。所以说,逻辑论证离不开实践。另外,逻辑论证具有认识作用,人们通过论证可以获得新的知识。例如,数学理论中的猜想通过论证变成定理;已经证实的判断,有时仍需要对它进行论证,以使人们更加确信其真实性;在实践检验真理的过程中也离不开逻辑论证。论证是各种论断具有科学性和说服力的必要条件。

第二节　论证的种类

　　根据论证方式的不同,可以将论证进行分类。由于论证方式涉及形式和方法两个方面,故而可以分别以这两方面作为标准将论证分类。当然,论证的分类方式还有很多,例如,基于前提对结论的蕴含程度,论证可以分为必然性论证与或然性论证。限于本书篇幅,这里仅讨论根据论证方式对论证分类。

一、演绎论证与归纳论证

　　根据论证所使用的推理形式的不同,可将论证分为演绎论证和归纳论证。

(一)演绎论证

　　演绎论证是运用演绎推理所进行的论证。它是根据一般原理论证某一特殊论断。在演绎论证中,一般是以科学原理、定理、定律等或其他一般性的真实判断为根据,运用演绎推理的形式推导出某一论题。例如:

在巴基斯坦电影《人世间》中,拉基雅在忍无可忍的情况下,奋起反抗,对准她丈夫连打五枪,丈夫死了。事后,检察机关认定罪犯就是拉基雅。拉基雅也承认对丈夫开枪的事实。正当要给拉基雅定罪时,一个正直的有经验的老律师曼索尔出现了,他主动为拉基雅辩护。他说:"拉基雅不可能是凶手。因为,凶手是用枪击中拉基雅丈夫的心脏而使之毙命的。拉基雅在万不得已的情况下虽然开了枪,并且打完了枪中的五发子弹,但是却没有一发子弹打中她的丈夫。因为她的子弹全部打飞了,打到哪里去了呢? 全部打在了对面的墙上。这一点,我想请警长作证。"法官问:"警长,他说的是事实吗?"警长回答:"是事实。这个女人确实是发射了五发子弹。经过现场检查,可以肯定她手枪中的五发子弹都打在对面的墙上了。"停了一会,曼索尔又说:"再有,如果拉基雅是杀死她丈夫的凶手,那么,子弹一定是从前面打进她丈夫的身体的,因为拉基雅是面对面地对她丈夫开了枪。但是经过法医的检查鉴定,尸体上的子弹是从背后打进去的。这说明不是拉基雅开枪打死了她的丈夫,而是另有人乘机作案。"曼索尔的辩护句句在理,成功为拉基雅进行了无罪辩护。

在为拉基雅的辩护中,曼索尔先提出"拉基雅不可能是凶手"的观点,这是论题。为了论证这一论题的真实性,用现场查勘的"杀人凶手是用枪击中拉基雅丈夫亡的"和"拉基雅五发子弹都打在墙上"的事实作为论据,运用三段论进行推理,有效地论证了起先提出的"拉基雅不可能是凶手"的观点,其逻辑形式为

杀人凶手是用枪击中拉基雅丈夫的。

拉基雅开枪的子弹都打在墙上而没有击中她的丈夫。

所以,拉基雅不是杀死她丈夫的凶手。

为了进一步确定"拉基雅不是杀死她丈夫的凶手"这个论题,曼索尔又根据事发情形提出了一个假言判断:"如果拉基雅是杀死她丈夫的凶手,那么,子弹一定是从前面打进她丈夫的身体的。"再根据法医的检查鉴定"尸体上的子弹是从背后打进去的"这一事实结果,进行了充分条件假言推理,再一次有效地论证了

"拉基雅不可能是凶手"的观点,形式如下:

如果拉基雅是杀死她丈夫的凶手,那么,子弹一定是从前面打进她丈夫的身体的。

子弹是从背后打进去的。

所以,拉基雅不是杀死她丈夫的凶手。

这是运用充分条件假言推理的否定后件式进一步论证了曼索尔的观点,即"拉基雅不是杀死她丈夫的凶手"这个论题。

通过以上实例可以看出,曼索尔在辩护中运用的是三段论和充分条件假言推理方式,这两种方式都是演绎论证。演绎论证是用一般来证明特殊,只要前提真实,形式有效,那么结论必然真实。这是人们最常用的论证方式。

又如,在《毛泽东选集》中有这样一段话:"民主这个东西,有时看来似乎是目的,实际上,只是一种手段。马克思主义告诉我们,民主属于上层建筑,属于政治这个范畴。这就是说,归根结底,它是为经济基础服务的。"

这段话的论题是"民主是为经济基础服务的"。毛泽东同志引用了早为人们所熟悉的马克思主义的基本原理,通过三段论这种演绎推理的形式,来论证"民主是为经济基础服务的"这个论题,具体的推理过程为

民主是属于上层建筑的。

上层建筑是为经济基础服务的。

所以,民主是为经济基础服务的。

(二)归纳论证

归纳论证是运用归纳推理的形式所进行的论证。它是根据一些个别或特殊性论断论证一般原理。人们引用有关个别或特殊事物的判断作为论据来证明一般性的论题,就是归纳论证。例如:

地震前动物会发生反常现象。如猫儿离家、狗跑乱吠、老鼠出洞、鸡飞鸭叫、牛羊乱窜等。这是什么原因呢?有的科学家经

过研究认为,动物对于空气中的带电粒子的感受比人更敏感,地震发生前,空气中会产生大量的带电粒子,而这些带电粒子会造成动物血清素含量的增高,而血清素含量的增高,可以使动物行为失常。因此,地震前动物会发生反常现象。

这是一个运用科学归纳推理论证"地震前动物会发生反常现象"真实性的不完全归纳论证。其结构形式为:

论题:地震前动物会发生反常现象。

论据:地震前猫儿离家,地震前狗跑乱吠,

地震前老鼠出洞,地震前鸡飞鸭叫,地震前牛羊乱窜。

地震前猫儿离家、狗跑乱吠、老鼠出洞、鸡飞鸭叫、牛羊乱窜,是因为地震前,动物对于空气中产生的带电粒子的感受比人更敏感,而这些带电粒子会造成动物血清素含量的增高,而血清素含量的增高,可以使动物行为失常。

也可以用公式表示为:

论题:S 是 P。

论据:S_1 是 P,S_2 是 P,S_3 是 P,S_4 是 P,S_5 是 P,

S_1,S_2,S_3,S_4,S_5 是 S 的一部分,

并且 S_1,S_2,S_3,S_4,S_5 与 P 之间具有必然的联系。

论证方式:不完全归纳(科学归纳)论证。

又如:

论题:所有的菌类植物都没有叶绿素。

论据:木耳没有叶绿素,香草没有叶绿素,蘑菇没有叶绿素。

木耳、香草、蘑菇是菌类植物(的一部分)。

在这个论证实例中,论证论题"所有的菌类植物都没有叶绿素",就可通过考察"木耳没有叶绿素,香草没有叶绿素,蘑菇没有叶绿素"等来加以证明,但这一论证只具有或然性。归纳论证要得到可靠的结论,必须根据已有的科学知识对现象做出正确的分析,必须与演绎相结合,还必须根据精确的观察和实验。

二、直接论证与间接论证

根据论证方法的不同，可以把论证分为直接论证和间接论证。

（一）直接论证

直接论证是用真实论据正面直接推出论题的论证。其特点在于，引用论据从正面确定论题的真实性，不经过中间环节。例如，要论证"一切生物都是发展变化的"，使用论据"生物包括动物、植物、微生物三大类，每一类都是发展变化的"，就可以直接推出论题成立。

绝大多数的论证如演绎论证、归纳论证、类比论证，都属于直接论证，所以直接论证是最重要、最常用的一种论证方法。在司法工作领域，无论是检察机关提起的起诉书，还是审判机关制作的判决书，都要提出法律论据和事实论据，因此都必须运用直接论证的方法。直接论证的要素和形式为：

论题：p。

论据：$q,r,\cdots$。

论证方式：$q,r,\cdots$合乎逻辑规则地推出 p。

在论证中，论题必须有而且只有一个，论据可以只有一个（直接推理的前提），也可以是由若干个论据组成的系列；论证方式只要求运用正确的推理形式，至于哪种推理形式，则取决于推理的实际需要。其具体形式主要有运用对当关系直接推理进行的直接论证、运用关系推理进行的直接论证、运用复合判断演绎推理进行的直接论证、运用完全归纳推理进行的直接论证等。

（二）间接论证

间接论证就是通过论证另一个与原论题相矛盾的判断的虚假，从而论证该论题真实的一种论证方法。在逻辑学中间接论证可分为反证法和选言证法。

所谓反证法,具体是指通过确定与原论题相矛盾的判断(反论题)的虚假,然后根据排中律确定原论题真的一种论证方法。反证法的具体步骤如下:

(1)设立一个与论题构成矛盾关系的判断作为反论题。

(2)论证反论题为假,这个论证过程通常由充分条件假言推理否定后件式来进行。

(3)根据排中律两个互相矛盾的判断不能同假,必有一真的要求,由反论题假得出原论题为真。

上述反证法的论证过程,可用公式表示为:

求证:p 为真。

设:非 p。

证明:如果非 p,则 q。

非 q。

所以,非 p 为假,

根据排中律:所以,p 为真。

例如:我们在证明三段论第一格的规则——"小前提必肯定"时,就设了反论题:"小前提否定","如果小前提否定,则大前提必肯定,因为根据三段论的前提规则,两个否定前提不能得结论。大前提肯定,则大前提中的谓项不周延,而大前提中的谓项在此格中是大项,因此,大项在大前提中不周延。如果小前提否定,根据三段论的前提规则,则结论必否定。而结论否定,则结论中的谓项即大项必周延。如此,大项在前提中不周延,而在结论中周延,这就犯了大项扩大的错误。这种错误是由于小前提否定造成的。根据排中律,'小前提肯定'与'小前提否定'两者之间必有一真,既是'小前提否定'虚假,所以,小前提必肯定。"

上述论证就运用了反证法。需要注意的是,在进行反证中,只有与论题相矛盾的判断才能作为反论题,论题的反对判断是不能作为反论题的。

选言证法又称排除法或淘汰法,是运用选言推理来进行论证的一种方法。它是通过否定与论题相关的某些反论题（一般指反对判断）来确定论题真实性的间接论证。选言证法的论证过程可用公式表示为：

论题：p。

反论题：或 q，或 r。

论证：或 p，或 q，或 r；非 q，非 r，

所以 p。

例如：

人的正确思想是从哪里来的？

是从天上掉下来的吗？不是。

是自己头脑里固有的吗？不是。

人的正确思想只能从社会实践中来，只能从社会的生产斗争、阶级斗争和科学实验这三项实践中来。

选言证法要求在确定有关论题的各种可能断定时，必须穷尽所有的选言肢，这样在论证了其他选言肢的虚假性以后，才能确定剩下的那个选言肢（即论题）的真实性。所以，选言间接论证也可以看作选言推理的否定肯定式和完全归纳推理的联合运用。

最后需要明确指出的是，直接论证与间接论证和演绎论证与归纳论证一样，并不是互不相干、独立使用的，而常常是结合运用的。对同一论题，既可以运用演绎论证的方式进行论证，也可以运用归纳论证的方式进行论证；同样，既可以采用直接论证的方法，从正面确定论题的真实性，又可以采用间接论证的方法，从反面确定论题的真实性。这样，可以使论证显得更生动，更具有说服力。

第三节　论证的规则

正确的思维形式必须遵守一定的规则，论证也不例外。为了

使论证能够正确地进行，也必须遵守一定的规则。无论是证明还是反驳都要严格执行。简单地说，论证的规则共有五条，接下来展开详细讨论。

一、论题要清楚明白

所谓论题要清楚明白，就是要求在论题中所使用的概念的内涵和外延都是明确的；构成论题的判断不能有歧义，即论题本身的断定必须是一义性的，不应留下产生误解或多解的种种可能。违反这条规则，就会犯"论题模糊"的逻辑错误。例如：

甲乙双方签订一份购销合同，内容是：甲方向乙方订购 4000 条表带，每条 2.5 元。付款后，甲方提取的是尼龙表带。

甲方诉乙方违反合同，说我们要的表带是铝合金的，但乙方交的是尼龙表带。

乙方辩护说：尼龙表带也是表带嘛，合同并没有说明是铝合金的。难道你现在要金表带，我们也得照给吗？

结果原告败诉。

上述实例中，原告甲方之所以败诉，原因在于合同中的标的"表带"表述不明确，到底是什么质料的表带在购销合同中没有明确规定。这样一来，乙方可选择任何一种在市场上能见到的表带，因此他们就选择了成本最小的尼龙表带卖给甲方。虽然甲方拒绝收货，起诉，但法庭又不在谈判现场，也不知当时口头是如何商谈的，则只能依据合同条款进行判决。显然乙方没有违反合同条款，自然就胜诉。

最后需要明确指出的是，如果论题中的概念有明显的歧义，就无从考虑到底用怎样的论据来论证。在论证过程中论题不清，其结果必然是口若悬河，却言不及义，下笔千言，却漫无中心，需要论证的得不到应有论证，不需要论证的却东拉西扯，大量堆砌，因而也就达不到论证的目的。

二、论题要保持同一

所谓论题要保持同一，就是要求在整个论证过程中保持论题的首尾一致性，始终围绕该论题进行论证。违反这条规则就会犯"转移论题"或"偷换论题"的逻辑错误。"转移论题"是不自觉地违反这条规则所犯的逻辑错误，而"偷换论题"则是故意违反这条规则所犯的逻辑错误。"转移论题"或"偷换论题"的手法常常表现为以下几种：

（1）诉诸个人或以人为据。所谓诉诸个人或以人为据，具体指的是以某个人的言行作为某个论题真伪的标准，转移论证中的论说对象，为个人的谬误辩护。例如：

父亲说：喝酒有害无益，你年纪轻轻的一定要把酒戒掉！

儿子回答：爸爸，您说喝酒是有害无益而自己却喝酒。您不带头戒酒，又怎能叫我一定把酒戒掉呢？

在这个实例中，儿子就是犯了"诉诸个人"的逻辑错误。

（2）诉诸无知。所谓诉诸无知，具体指的是以无知为论据偷换论题。如有人说："海市蜃楼的现象是不存在的，因为我从来没见过"；"UFO是存在的，因为没有人能证明没有UFO"。这些说法都是诉诸无知。因为某一个人不知道这件事，未必这件事就存在或一定不存在。在论辩中，诉诸无知往往把某一现象或事物的存在与否偷换成"我是否知道"。

（3）诉诸私利。所谓诉诸私利，具体指的是把论题的真假与听众的利益混为一谈。例如，在论辩或演讲中，有的辩手或演讲者将自己的论题或论据说成是符合听众的利益的，以此求得听众对自己论题或论据的信任和支持。

（4）诉诸怜悯。所谓诉诸怜悯，具体指的是以怜悯为论据转移论题或偷换论题。例如，张律师在法庭上为被告辩护，他不是根据事实和法律说明被告人无罪，而是以被告的家里有老母、妻子和年幼的儿子等以此求得人们对被告人的怜悯和宽容。实际上，张律师将"被告人是否有罪"的论题偷换为"被告的家里有老母、妻子和年幼的儿子"这一论题。

（5）诉诸听众。所谓诉诸听众，具体指的是在论证中，不是以真实的论据、合乎逻辑的推导来论证论题，而是用激动的感情、煽动性的言辞去哗众取宠或迎合某些人的心理，使之支持自己的观点。这就犯了诉诸听众的逻辑错误。

（6）诉诸权威。所谓诉诸权威，具体指的是在论证中，不是依靠有说服力的论据，而是以某人的威望、资历、品德或者与听众的密切关系，要求听众无条件的相信自己的论点。例如，"张晓明同学的话是可信的，因为这个消息是他听他的班主任老师所说，而他的班主任老师是一位学校领导。"

（7）诉诸习俗。所谓诉诸习俗，具体指的是在论证中，不是以真实事实为论据，而是以某些习俗为依据，转移人们的注意力。例如，"'常在河边走，哪能不湿鞋'。搞财会工作的，都免不了有或多或少的经济问题，特别是在当前市场经济条件下，更是如此。"这里就犯了"诉诸习俗"的逻辑错误。

（8）人身攻击。所谓人身攻击，具体指的是反驳别人的观点，不是针对对方的观点发表意见，而是针对提出该种观点的人的出身、职业、长相、地位、道德品质等与论题无直接关系的方面进行攻击，这就犯了人身攻击的逻辑错误。

三、论据必须已知且为真

论证的过程也就是从论据的真实性推出论题的真实性的过程。如果论据虚假或是尚待证实，就无法必然地从论据推出论题。如果以虚假的命题作论据，就要犯"论据虚假"的逻辑错误。例如，"科学技术也是有阶级性的。因为，科学技术被资产阶级所利用，为资产阶级服务。为资产阶级服务还能没有阶级性？"就是犯了"论据虚假"的逻辑错误，因为该论证所省略的大前提"凡被资产阶级利用、为资产阶级服务的都有阶级性"是不成立的。以虚假命题作论据，可能是由于认识水平不够，误假为真，也可能是别有用心，以假乱真。科学史上一些错误学说的提出和形成，一般都由于认识水平不够，根据虚假的命题而造成的。"地球中心说"则是以"太阳围绕地球转"这一虚假命题为基本根据的。"燃素说"则是以主观想象中存在着"燃素"为依据的。各种宗教教义、唯心主义体系、政治上的反动派，都要引用虚假命题，甚至制造虚假命题，来论证他们的颠倒黑白、混淆是非的谬论，以达到其不可告人的目的。"假话重复千遍就会变成真理""不说假话办不成大事"最充分地表现了他们错误论证的手段和实质。

如果以尚待证实的论题作论据，就要犯"预期理由"的错误。以假说和猜测为论据就必然出现"预期理由"的错误。例如，有人说：地球上出现的不明飞行物，肯定是外星球的宇宙人发射的，因为现代科学告诉人们，外星球可能存在着比地球人更高级的宇宙人。他们向地球发射飞行物是很自然的事。这段议论中的论据"外星球存在着比地球人更高级的宇宙人"是一个真实性尚未被证实的假说，以它作论据进行论证，就犯了"预期理由"的错误。

四、论据的真实性不能靠论题的真实性来论证

既然论题的真实性依赖于论据的真实性，从逻辑上讲，论据的真实性在先，论题的真实性在后，从论据的真实性能够逻辑地论证论题的真实性。违反这条规则，就会犯"循环论证"的逻辑错误。例如：

一个瘦人问胖人："你为什么长得胖？"

胖人回答："因为我吃得多。"

瘦人又问胖人："你为什么吃得多？"

胖人回答："因为我长得胖。"

胖人的回答是有逻辑问题的，他回答瘦人的第一个问题时，是以"吃得多"为理由的；而他回答瘦人的第二个问题时，又以"长得胖"为理由。本来论题的真实性是通过论据来证明的，可是由

于论据的真实性反过来又依赖论题的真实性来证明,"吃得多"和"长得胖"相互证明的,绕了一个圈子,实质上什么也没有得到证明,这种论证就犯了"循环论证"的逻辑错误。

五、论据应当能够推出论题

在论证中,从论据应能推出论题,实际上也就是说论据与论题之间应有必然的联系。论题应当是按照推理的一般规则,从论据合逻辑地推出来,其实也就是论证方式要合理,否则不能保证论据与论题之间的关系是必然的。违反这条规则所犯的逻辑错误比较复杂,主要有四种情况,下面展开详细讨论。

(一)犯"推不出来"的逻辑错误

所谓"推不出来"的逻辑错误,具体是指论据与论题之间在逻辑结构上不正确,推理形式无效。例如,"如果李明是小偷,那么李明有偷东西的时间,现在李明有偷东西的时间,因此,李明是小偷。"就是犯了"推不出"的逻辑错误。再如,张某是食品中毒死亡的。因为张某体内检出了大量的有毒食物;如果张某是食品中毒死亡的,那么体内就有大量的有毒食物。在这个论证中,即使作为论据的两个命题都是真实的,也不能从论据推出论题,因为这个证明使用了充分条件假言推理的肯定后件式,这是一个非有效式,违反了充分条件假言推理的"肯定后件不能肯定前件"的规则。犯了"推不出"的逻辑错误。

(二)论据与论题不相干

所谓论据与论题不相干,指的是论据与论题之间在内容上毫无关系,即使论据是真的,但对证明论题真实性并无实际意义,因而不能从论据推出论题。例如,某公司总经理说:"最近,我们公司的产品质量不太好,用户意见很大,这主要是因为前一段时间全公司上下普遍重视产品的数量,因此,忽视了产品的质量"。事实上，"重视产品数量"与"忽视产品的质量"之间并没有前因后果的关系。因此不能用"重视产品的数量"作为论证"忽视产品质量"的论据。该公司总经理的上述论证犯了"论据与论题不相干"的逻辑错误。

（三）论据不足

所谓论据不足，指的是虽然论据是真实的，也是与论题有关系的，但是还不足以能推出论题来。例如：

因为要参加全省大学生足球赛，时间紧迫，教练便对我们加紧训练。结果没练几天大家就受不了了，有的浑身是青，有的肌肉拉伤……我的右腿就疼得非常严重，根本不听使唤。有天到六楼上课，我简直就是把右腿直着一阶一阶地往上提送。最可气的是——正走着，只听后面两个女孩低声嘀咕道："还是大城市的学校比较正规些，这要是在我们老家，小儿麻痹的根本不能上学！"

后面那两位女孩的推理显然不充分。第一，是误解，把训练受伤引起的腿脚不灵活看成是小儿麻痹症。第二，即使腿脚不灵活，也不一定是小儿麻痹症。腿脚不灵活是小儿麻痹症的必要条件而不是充分条件，仅仅根据腿脚不灵来确定小儿麻痹症是不够的。所以，两女孩的推论犯了"论据不足"的逻辑错误。

（四）以相对为绝对

所谓以相对为绝对，指的是在论证中，把受时间、空间、地点等条件限制的相对正确的判断，当作在任何时间、空间、地点等条件上都绝对正确的判断，并以此为根据证明论题的真实性。这种错误，实质上是"推不出"的错误。例如：

有这么一位父亲，带着 10 岁儿子去海边游泳。他根据小孩在泳池能游 50 米的表现，让他在海水中也游 50 米。结果小孩游到中途，便气喘吁吁，呛水不少，只能停下来休息。

这位父亲的错误在于没有区别泳池和大海的水情，泳池各方面的条件和大海中的各方面的条件是不同的。在泳池能游 50

米,那是因为水流平稳,但在大海中却有海浪,对游泳的阻力很大。所以具体问题需要具体分析,否则就容易犯"以相对为绝对"的错误。

第四节 反驳

一、反驳的含义及构成

所谓反驳,具体是指根据一个或一些判断的真实性,通过推理确定另一判断虚假或者某个论证不能成立的思维过程。例如:

有人说,"语言是生产工具",这个说法是错误的。因为,"如果语言是生产工具,那么它就能生产物质财富,这样,成天夸夸其谈的人,就可以成为百万富翁了"。

这就是一个反驳。用两个充分条件假言判断,证明"语言是生产工具"这个说法是错误,是不能成立的。

反驳与论证既互相区别,又互相联系。反驳与论证的区别在于:论证是要确定某一判断的真实性;反驳是确定'对方论题的虚假性或不能成立;论证的作用在探求真理、阐明真理、宣传真理;反驳的作用在于揭露谬误,捍卫真理。前者即所谓的"立",后者即所谓的"破"。反驳与论证的联系在于:反驳是一种特殊的论证,它既要指出被反驳论题的虚假,同时也要论证它为何虚假;反驳与论证是相辅相成的,如果确定了一个判断的真实性,同时也意味着确定了与之相矛盾的判断的虚假性,相反,如果确定了一个判断的虚假性,也就意味着确定了与之矛盾的判断的真实性;反驳和论证的作用是一致的,其目的都是为了坚持真理,修正错误;在实际中,往往破中有立,立中有破,二者总是密切联系的;反驳作为论证的一种特殊形式,其规则也是和论证相同的,因此,论证的各项规则也都可以看作是反驳的规则。

反驳由三个要素构成，即反驳的论题、反驳的论据和反驳的方式。反驳的论题就是其虚假性需要加以确定的判断；反驳的论据就是已知为真的判断，人们通过它去确定要反驳的论题的虚假性；反驳的方式就是指论据和反驳论题之间的联系方式。例如：

20 世纪 30 年代，梁实秋等人提出"大多数就没有文学，文学就不是大多数的"的观点；而鲁迅则坚持文学应为广大劳动群众服务的主张。他对梁实秋等人的观点反驳道："倘若说，作品愈高，知音愈少，那么，推论起来，谁也不懂的东西，就是世界上的绝作了。"

在上述这个反驳实例中，反驳的论题为"文学就不是大多数（人）的"。反驳的论据为"倘若说，作品愈高，知音愈少，那么，推论起来，谁也不懂的东西，就是世界上的绝作了。"反驳的方式则是归谬法，后面将对归谬法进行讨论。

二、反驳的入手点

一般情况下，论证无非有三个要素，即论题、论据与论证方式。因此，进行反驳时，也可以从这三个方面入手，即反驳论题、反驳论据、反驳论证方式。

（一）反驳论题

所谓反驳论题，指的就是用真实性明显的判断来确定对方的论题虚假，或者指出对方的论题本身不能成立。在一个具体的反驳中，被反驳的论题，常常作为一个孤立的判断出现。因此，反驳论题就常常表现为对某个判断的否定。论题是论证的主体，确定了对方论题的虚假或指出对方的论题本身不能成立，不仅可以推翻对方的论证，而且可以否定对方的观点。例如，针对"人都是自私的"这一论点，我们可以反驳如下：

无产阶级革命家不是自私的。

无产阶级革命家是人。

所以，有些人不是自私的。

这个反驳通过判断"有些人不是自私的"为真,确定了对方论题"人都是自私的"就为假,从而驳倒了对方的论题。

(二)反驳论据

所谓反驳论据,指的就是确定对方论据是虚假的或者未得到证明的,从而达到反驳对方论题的目的。论据是支持论题的理由和依据,推翻论据就反驳了论题。这是一种"釜底抽薪"的反驳方式。

例如,某报曾载文称:

厄瓜多尔的贝尔卡邦巴是世界长寿区,因为这里的大多数人都能活到 120~130 岁。

对此,有人载文作这样的反驳:

所谓"贝尔卡邦巴是世界长寿区"的说法不可信。因为这里的大多数人并不像文中所说的那样都能活到 120~130 岁,1974年两位美国学者的调查报告显示,该地区居民有两个风俗。一个是年过 60 岁的人,总是理所当然地把实际年龄提高。如自称活了 129 岁的门迪达,在他 60 岁时,便虚称 70 岁,五年后又称 80岁。1943 年满 60 岁的门迪达,到 1973 年就自称活了 126 岁。这样的例子几乎在该地所有的老年人身上都存在。其二,在该地区,凡是儿童或青年人死亡时,他们的名字都要留给刚出生的婴儿。这个婴儿一生下地,便有了所顶替的那个死亡者的年龄。可见,认为这里的大多数人都能活到 120~130 岁的说法是不真实的。所谓"贝尔卡邦巴是世界长寿区"的说法,当然也是不可信的。

这个反驳就是直接针对对方的论据,揭露对方论据的虚假性,就达到了反驳论题的目的。

(三)反驳论证方式

所谓反驳论证方式,指的就是指出对方的论据和论题之间没有必然的逻辑联系,由对方提供的论据不能必然地推出对方要证明的论题，达到反驳对方论题的目的。反驳论证方式实际上就是指出对方论证中的推理不合逻辑，具体揭露对方推理中存在的逻辑错误。

例如，有这样一个案件：

张女士与刘先生通奸，被张女士的公公李老汉（张女士的丈夫李先生的父亲）发觉后，刘先生唯恐奸情败露，用手掐死了李老汉。事后，张女士协助刘先生伪造现场，放走了杀人凶犯刘先生。

破案后，检察院认为张女士的行为不构成包庇罪。因为法律没有明文规定张女士伪造现场属于包庇行为。有人载文反驳说："如果按照检察院运用这一原则的逻辑推理，犯杀人罪的应有凶器。刘先生掐李老汉的行为在刑法中并没有明文规定治罪的条文，难道刘先生也可以不构成杀人罪了吗？"

这种反驳就是用另一推理指出原推理形式有逻辑错误的反驳。原推理形式为一个演绎三段论，其中两个中项不是同一概念，犯了四概念错误，论证无效。原推理形式为：

凡是法无明文规定的都不治罪。

伪造现场是法无明文规定的。

所以，伪造现场是不治罪的。

这个三段论，大前提中的"法无明文规定的"是指独立的罪名，如杀人罪、抢劫罪、盗窃罪等；小前提中的"法无明文规定的"是指具体犯罪的行为方式，如"协助伪造犯罪现场"是包庇罪的一种方式，用手掐死也是杀人罪的一种方式……如此等等。这些犯罪行为的具体方式在刑法条文中不可能一一规定出来。如果把刑法条文对独立罪名的规定，同对犯罪行为某些具体方式的规定混淆起来、等同起来，必然导致推理过程中违反同一律，结论不可靠，论证无效。

三、反驳的分类

按照方法的不同，反驳可以分为直接反驳和间接反驳；按照主要结构所采用的推理方式的不同,反驳还可以分为演绎反驳和归纳反驳。

(一)直接反驳

所谓直接反驳,就是引用事实、判断或理论观点作为反驳的论据,直接确定要反驳的论题的虚假性的论证方式。例如:

一位律师在刘先生抢劫案辩护中提出刘先生的行为不构成抢劫罪,理由是刘先生没有实施暴力,仅仅是扬了一下拳头,被害人就把物品留下了,故被告人刘先生的行为只构成抢夺罪。

公诉人答辩:"抢劫罪是以非法占有为目的,以暴力、威胁或者其他方法强行将公私财物抢走的行为。可见,暴力手段并不是构成抢劫罪的唯一条件,采用语言、用某种动作或示意进行威胁的手段同样也能构成抢劫罪。被告人刘先生对被害人扬了一下拳头,是以将要实施暴力相威胁,实质是实行精神强制,使被害人恐惧不敢反抗,被迫当场交出财物,这就是一种用暴力胁迫进行抢劫的行为,完全符合抢劫罪的特征。"

由于公诉人抓住了答辩要点,使辩护人哑口无言。

在这个反驳实例中,公诉人感觉到此案的关键是被告人刘先生是否使用暴力。他采用直接反驳法,从正面进行理论分析,指出"扬拳头"虽然不是暴力行为,但属于暴力威胁,所以还是属于抢劫范畴。这就分析了对方观点错误的实质,成为取胜的关键。

直接反驳可以是使用演绎推理的直接反驳,也可以是使用归纳、类比推理的直接反驳。例如,鲁迅曾对梁实秋的错误观点做出如下反驳:

梁先生首先以为无产者文学理论的错误,是把阶级的束缚加在文学上面,因为一个资本家和一个劳动者,有不同的地方,但还有相同的地方,他们的人性并没有两样,例如,都有喜怒哀乐,都有恋爱,"文学就是表现人这最基本人性的艺术"。这些话是矛盾而空虚的。……文学不借人,也无以表示"性",一用人,而且还在阶级社会里,即断不能免掉所属的阶级性,无须加以束缚,实乃出于必然。自然，"喜怒哀乐，人之情也"，然而穷人决无开交易所折本的懊恼，煤油大王哪会知道北京拣煤渣的老婆子身受的酸辛，饥区的灾民，大约总不会去种兰花，像阔人的老太爷一样，贾府上的焦大，也不爱林妹妹的。

在上述反驳中，鲁迅先生列举了关于"穷人""煤油大王""北京捡煤渣的老婆子""灾民""老太爷""焦大""林妹妹"的事例，说明在文学作品中，对人的描写，一定带有阶级的烙印，这不是作家有意把阶级的束缚加在文学上面，而是"实乃出于必然"。在这个直接反驳中使用了归纳反驳方法。

（二）间接反驳

所谓间接反驳，就是不直接指出对方论题的错误，而是运用逻辑基本规律——矛盾律，间接推出被反驳论题的虚假性的论证方式。一般地，间接反驳有如下两种方法：

（1）独立证明。这种反驳的方法是先证明与对方的论题相矛盾或反对的论题为真，而后根据矛盾律——两个互相矛盾或反对的判断不能同时为真，必有一假——从业已证明的论题之真，间接证明被反驳论题的虚假性。独立证明的过程可以表示为：

反驳：p。

设：q。

证明：q 真。

—————————

所以，p 假。

例如，王充在卷六《雷虚篇》中驳斥雷电为"天怒"时，不仅叙述一年四季雷电频数不同，而且还从五个方面验证他自己关于"雷者火也"的断言："以人中雷而死，即询其身，中头则须发烧焦，中身则皮肤灼燖，临其尸上闻火气，一验也。道术之家，以为雷烧石色赤，投于井中，石焦井寒，激声大鸣。若雷之状，二验也。人伤于寒，寒气入腹，腹中素温，温寒分争，激气雷鸣，三验也。当雷之时，电光时见，大若火之耀，四验也。当雷之击，时或燔人室屋及地草木，五验也。"

在这个反驳实例中，打雷要么是自然现象，要么是"天怒"，这两种观点是对立的。既然王充从五个方面论证了"打雷"是自然现象，根据矛盾律，两个相矛盾或者相反对的思想不可能都真，必有一假，因此，"雷为天怒"的观点自然就是错误的。这种方法没有正面直接驳斥"雷为天怒"的观点，但实质上是间接驳斥了"雷为天怒"的观点，这种方法就是独立证明法。

需要明确的是，独立证明这种反驳方法既可同时是演绎反驳，又可同时是归纳反驳，还可同时是类比反驳。

（2）归谬法。这种方法就是先假定被反驳的论题是真的，然后据此推导出荒谬的结论来，运用充分条件假言推理的"否定后件"式，证明被反驳论题不能成立。归谬法的逻辑过程从结构方面来分析，其逻辑形式大致可以表示为：

被反驳的论题：p。

设：p 真。

如果 p，则 q。

非 q。

所以，非 p。

因此，p 假。

例如，觊觎我国领土南海诸岛的大有人在。50 多年前某国有一个人偷偷地爬上了我国南海诸岛中的一个小岛来游玩，后来他在这个岛上种了些菜和椰子树并贴出告示，宣称这些岛屿归该国人所有。过了一段时间，居然又有关人士站出来声称这些岛屿是属于该国的，其所持的唯一理由就是，这些岛屿离该国最近。我国报纸评论员写文章批驳了他们这种错误的观点，指出："的确，我国的南海诸岛距离该国最近。但是，难道这就可以成为该国占据这些岛屿的理由吗？如果这个'理由'可以成立，那么我们同样可以说，该国群岛距离我国最近，我国岂不是可以任意占据该国群岛了吗……"

在上述我国报纸评论员写的这个反驳文章中，就使用了归谬法去反驳对方的论题。其中要反驳的论题为：如果一个国家离某些岛屿最近，那么这些岛屿归这个国家所有。反驳的步骤可以总结如下：

①假定要反驳的论题可以成立。

②在假定的基础之上做出引申：我国距离造事国群岛最近，所以，我国是可以任意占据造事国群岛的。

③引申出的结论的荒谬性不言而喻。

④否定要反驳的论题，即如果一个国家离某些岛屿最近，那么这些岛屿归这个国家所有。

⑤反驳论题，即南海的这个小岛不归造事国家所有。

归谬法的最根本的特征在于，它权且承认或者说退一步假定所要反驳的论题为真，进而论证其为假。其他任何反驳方法或证明方法都不具备这个特征。某些人常把反证法与归谬法混为一谈，其原因往往是这两种方法都采用充分条件假言推理的"否定后件式"。正确地区分二者并不是难事，它们之间的区别主要有以下两点：

①使用场合不同，反证法用于证明，而归谬法用于反驳。

②反证法是"反其道而行之"，反"论题"之道而行之，论证反题之"不可行"；归谬法则是顺其自然，顺"要反驳的论题"之自然，论证"要反驳的论题"之"不自然"。

需要明确的是，归谬法是演绎反驳常用的方法。

参考文献

[1]郭建萍.逻辑与哲学:真与意义融合与分离之争的探究[M].北京:科学出版社,2017.

[2]王海传,岳丽艳,黄荟等.普通逻辑学[M].第 3 版.北京:科学出版社,2017.

[3]帕特里克·J.赫尔利著.郑伟平,刘新文译.逻辑学基础[M].北京:中国轻工业出版社,2017.

[4]阿托卡·阿丽色达著.魏屹东,宋禄华译.溯因推理:从逻辑探究发现与解释[M].北京:科学出版社,2017.

[5]熊明.逻辑——从三段论到不完全性定理[M].北京:科学出版社,2017.

[6]乔恩·威廉姆森,费德丽卡·拉索.逻辑学核心术语[M].北京:外语教学与研究出版社,2016.

[7]杨树森.杨树森逻辑学研究论集[M].合肥:安徽师范大学出版社,2016.

[8]葛宇宁.人的逻辑与物的逻辑——重思辩证法和形式逻辑的关系[M].北京:中国社会科学出版社,2016.

[9]王航赞.最佳说明的推理模式研究[M].北京:科学出版社,2016.

[10]约翰·范本特姆.逻辑认识论和方法论[M].北京:科学出版社,2016.

[11]孙中原.中国逻辑学趣谈[M].北京:商务印书馆,2016.

[12]沈志敏.综合逻辑论[M].上海:上海人民出版社,2016.

[13]王洪.逻辑导论[M].第 2 版.北京:中国政法大学出版社,2016.

[14]南希·凯文德,霍华德·卡亨著.杨红玉译.生活中的逻辑学[M].北京:中国轻工业出版社,2016.

[15]陈波.逻辑学十五讲[M].第 2 版.北京:北京大学出版社,2016.

[16]西村克己.逻辑思考力[M].北京:北京联合出版公司,2016.

[17]华东师范大学哲学系逻辑学教研室.形式逻辑[M].上海:华东师范大学出版社,2016.

[18]麦克伦尼.简单的逻辑学[M].北京:北京联合出版公司,2016.

[19]埃德蒙德.胡塞尔.逻辑学与认识论导论(1906—1907 年讲座)[M].北京:商务印书馆,2016.

[20]宁莉娜.严复译介穆勒逻辑思想研究[M].上海:上海大学出版社,2016.

[21]张绵厘.生活中的逻辑学[M].北京:中国人民大学出版社,2016.

[22]王习胜.广义逻辑学导引[M].北京:中国文史出版社,2016.

[23]张家龙.从现代逻辑的观点看亚里士多德的逻辑理论[M].北京:中国社会科学出版社,2016.

[24]张世英.张世英文集·第 2 卷:论黑格尔的逻辑学[M].北京:北京大学出版社,2016.

[25]张大松.逻辑学[M].北京:中国人民大学出版社,2016.

[26]王路.逻辑的观念[M].北京:商务印书馆,2016.

[27]丁毓峰.逻辑学原来如此有趣[M].北京:化学工业出版社,2015.

[28]格雷厄姆·里斯特.简明逻辑学[M].南京:译林出版社,2013.

[29]黑格尔.逻辑学[M].上卷.北京:商务印书馆,1996.

[30]中国人民大学哲学院逻辑学教研室.逻辑学[M].北京:

中国人民大学出版社,2014.

[31]陈波.逻辑学导论[M].北京:中国人民大学出版社,2014.

[32]康德.逻辑学讲义[M].北京:商务印书馆,2011.

[33]杨树森.普通逻辑学[M].合肥:安徽大学出版社,2012.

[34]王红,赵绍成,刘佳.逻辑学原理[M].成都:西南交通大学出版社,2012.

[35]齐家福等.新编普通逻辑学[M].北京:中国人民公安大学出版社,2011.

[36]刘杜军.通识逻辑学[M].武汉:武汉大学出版社,2010.

[37]刘江.逻辑学推理和论证[M].广州:华南理工大学出版社,2010.

[38]赵绍成.逻辑学[M].成都:西南交通大学出版社,2015.

[39]饶发玖,张广荣.逻辑学[M].北京:中国农业大学出版社,2004.

[40]刘元根.实用逻辑学——逻辑点亮智慧[M].北京:北京理工大学出版社,2010.

[41]陈爱华等.逻辑学引论[M].南京:东南大学出版社,2013.

[42]周艳玲等.逻辑学与思维方法训练[M].北京:化学工业出版社,2011.